Fernsprechtechnik

Eine Reihe, herausgegeben von

Dr.-Ing. Fritz Lubberger

Oberingenieur der Siemens & Halske AG., Berlin
a. o. Professor der Technischen Hochschule Berlin

Die Stromversorgung von Fernsprech - Wählanlagen

Von

Dipl.-Ing. Helmut Grau

Oberingenieur der Siemens und Halske AG., Berlin

2. Auflage
Mit 96 Bildern

München und Berlin 1943

Verlag von R. Oldenbourg

Vorwort zur 1. Auflage

Der weitgehend eingeführte Selbstwählverkehr in Fernsprechanlagen jeder Art und Größe stellt an die speisenden Stromversorgungseinrichtungen Anforderungen, deren Erfüllung erst einen in jeder Beziehung einwandfreien Betrieb sicherstellt. So wie jede Fernsprechanlage den Verhältnissen, unter denen sie einen Fernsprechverkehr ermöglichen soll, angepaßt sein muß, kann nur die Stromversorgungseinrichtung befriedigen, die nach sorgfältiger Prüfung der heute zur Verfügung stehenden Mittel und Formen und nach Abwägen der technischen, betrieblichen und wirtschaftlichen Gesichtspunkte erstellt ist.

Das vorliegende Buch behandelt nach einer Einführung die Grundbegriffe der Stromversorgungstechnik und gibt einen Überblick über die zur Verfügung stehenden Mittel und deren Formen. Für die übrigen Bände dieser Reihe kann es als Ergänzung angesehen werden, weil die Stromversorgung dort nur soweit nötig berührt wird. Es befaßt sich ferner mit allen Fragen, die bei der Planung und dem Betrieb von Stromversorgungsanlagen für Fernsprech-Wählsysteme jeder Art und Größe auftreten. Wie immer überschneiden sich bei derartigen Betrachtungen vorliegende Bedingungen und Forderungen. Ihre Kenntnis ermöglicht jedoch die Erfüllung übergeordneter Forderungen.

Finkenkrug (Osthavelland), im Oktober 1940.

H. Grau.

Vorwort zur 2. Auflage

Seit der Herausgabe der ersten Auflage sind mir von vielen Seiten Anregungen zugegangen, die ich gern in der vorliegenden zweiten Auflage verwertet habe. Die Behandlung und Einteilung des Stoffes ist die gleiche geblieben. An einigen Stellen waren Erweiterungen, zum Teil durch die Einführung neuer Entwicklung, notwendig.

In einer wie der vorliegenden, auf ein eng umrissenes Gebiet ausgerichteten Arbeit kann vieles nur gestreift werden. Deshalb habe ich sowohl zur allgemeinen als auch eingehenden Unterrichtung am Schluß des Buches einiges aus dem umfangreichen Schrifttum zusammengestellt.

Mein Dank gilt allen, die mit Wort und Tat dazu beigetragen haben, daß nach kurzer Zeit im Kriege die zweite Auflage möglich war.

Finkenkrug (Osthavelland), im Mai 1943.

H. Grau.

Inhaltsverzeichnis

Einleitung

Voraussetzung für den einwandfreien Betrieb einer Fernsprechanlage mit Wählbetrieb[1]) ist eine Stromversorgung, die den mannigfaltigen Anforderungen, die die Technik und der Betrieb an sie stellen, genügt:

Betriebssichere Lieferung von geeignetem Gleichstrom für die Speisung der Wähler-, Relais- und Sprechstromkreise innerhalb bestimmter durch die verschiedenen Wählsysteme bedingten Spannungsgrenzen,

ferner von Wechselströmen zum Kenntlichmachen von Betriebszuständen für die Teilnehmer bei der Herstellung von Fernsprechverbindungen und

von Wechselströmen zur Herstellung letzterer.

Die Speisung von Fernsprechanlagen kann entweder örtlich bei jedem Teilnehmer oder zentral in den Vermittlungseinrichtungen der Fernsprechanlagen vorgenommen werden. Während also bei dem Orts-batterie-OB-Betrieb jeder Teilnehmer eine Stromquelle besitzt, ist bei dem Zentralbatterie-ZB-Betrieb die Stromversorgung zentral für die gesamte Wählanlage untergebracht. Wählanlagen besitzen fast ausschließlich ZB-Betrieb; nur diese Betriebsart wird im folgenden behandelt.

Unabhängig von der Entwicklung der Wählanlagen lehnt sich die Technik der Stromversorgungseinrichtungen eng an die der Stromerzeuger an, unter denen im weitesten Sinne Maschinenumformer, Gleichrichter, Primärelemente und Sammler verstanden werden. Bei den ersten Wählämtern um 1900 bediente man sich der vorhandenen Mittel, wie Umformer und Sammler. Während letztere infolge ihrer besonderen Eigenschaften sich in der Stromversorgungstechnik bis heute behauptet haben, sind neben die Generatoren in den letzten Jahren die Gleichrichter (Glühkathoden-, Trocken- und Quecksilberdampfgleichrichter) getreten. Dadurch war es erst möglich, den selbsttätigen Betrieb auch auf die Stromversorgungseinrichtungen auszudehnen. Während das Bedürfnis hiernach bei großen Wählanlagen zunächst kaum vorhanden war, da ja die Wähleinrichtungen doch einer ständigen Pflege und Über-

---

[1]) Einen eingehenden Überblick und eine Einführung in das Gebiet der Fernsprechwählanlagen gibt E. Hettwig, »Fernsprechwählanlagen«, ein Band dieser Reihe. Die dort benutzten Definitionen werden auch in dem vorliegenden Buch zugrunde gelegt.

»Die Fernsprechanlagen mit Wähler-Betrieb« (Überblick über alle Fernsprechortsanlagen mit Wählbetrieb) behandelt F. Lubberger in einem weiteren Band der Reihe.

wachung bedürfen, erforderte der Betrieb von kleinen[1]), unbewachten Wählanlagen (heute die Mehrzahl) auch eine vollselbsttätige Stromversorgung. Damit setzte eine Entwicklung ein, die heute als abgeschlossen gelten kann.

Die Mannigfaltigkeit der Formen und Mittel läßt es notwendig erscheinen, sie gemeinsam mit den bei der Planung und dem Betrieb auftretenden Fragen zu betrachten, zumal die Veröffentlichungen in dem Schrifttum der Fernmelde-, Maschinentechnik usw. verstreut sind.

Im folgenden werden zunächst die Grundbegriffe der Stromversorgungstechnik für Wählanlagen behandelt, darauf die Mittel und ihre hauptsächlichsten Formen. Ein Werturteil ist durch die Erwähnung bestimmter Formen nicht gegeben. Die Kenntnis der allgemeinen Eigenschaften der Stromerzeuger wird vorausgesetzt: lediglich die besonderen Eigenschaften, die bestimmte Mittel und Formen für die Speisung von Wählanlagen geeignet machen, werden behandelt.

I. Grundbegriffe

1. Zweibatteriebetrieb (Lade- und Entladebetrieb)

Die bereits bei den ersten Wählanlagen auftretenden Forderungen an die Stromlieferung bezogen sich im wesentlichen auf die Bereitstellung eines Gleichstromes, der in seiner Spannung gleichbleibend und in hohem Maße oberwellenfrei war. Die Stromquelle mußte eine bestimmte Betriebsdauer der Wählanlage sicherstellen. Der Bleisammler erfüllte diese Forderungen in jeder Richtung und war bereits damals durchentwickelt. So entstanden die Stromversorgungseinrichtungen mit zwei Sammlerbatterien und zwei Maschinenumformern, mit denen die Batterien geladen wurden. (Bild 1). Während eine Batterie die Wählanlage speiste, wurde die andere geladen oder stand geladen in Bereitschaft. Entsprechend den Forderungen nach einer bestimmten Betriebsdauer wurde die Größe der Batterien bemessen. Die Aufladung wurde mit den Umformern, die im allgemeinen aus einem öffentlichen Netz[2]) gespeist

---

[1]) Die Begriffe »klein—groß« sind bei Wählanlagen nicht eindeutig, je nachdem es sich um öffentliche Ämter oder Nebenstellenanlagen handelt. So ist z. B. eine Nebenstellenanlage mit 200 Teilnehmeranschlüssen bereits als groß anzusehen, während ein solches öffentliches Amt als mittlere Anlage zu bezeichnen ist, gemessen an den jeweils üblichen Größen. Im folgenden werden Wählanlagen bis etwa

10 Teilnehmeranschlüsse als kleine, 500 Teilnehmeranschlüsse als mittlere, darüber hinaus als große Anlagen bezeichnet.

Unter Teilnehmeranschluß wird hier und im folgenden eine Sprechstelle verstanden, die mit der Wähleinrichtung durch eine nur für diese Sprechstelle benutzbare Teilnehmeranschlußleitung verbunden ist.

[2]) Unter »Netz« wird hier stets ein öffentliches oder privates Licht- und Kraftnetz verstanden, während es in der Fernsprechtechnik Netze von Teilnehmerleitungen und Verbindungsleitungen zwischen Fernsprechämtern gibt.

wurden, einzeln oder parallel vorgenommen. Die Ladestromstärke wurde möglichst hoch gewählt, um die Ladung in kürzester Zeit zu erledigen. Über das Wesen der Ladung siehe unten bei Behandlung der Sammler (S. 26). Die Schaltungen für das Laden und Entladen der Batterien (Speisung der Wählanlagen) wurden auf Schalttafeln vorgenommen, die mit den notwendigen Schaltern, Instrumenten und Reglern ausgerüstet waren. Dieser Betrieb mit Sammlern und Maschinen machte eine ständige Überwachung notwendig. Er wird heute kaum noch angewendet. Wo bei kleinen Wählanlagen kein Netz zum Aufladen der Batterien vorhanden ist, so daß also andernorts die Batterien geladen und dann ausgetauscht werden müssen, ist der Betrieb ähnlich. Der Hauptnachteil dieser Stromversorgungsanlagen waren

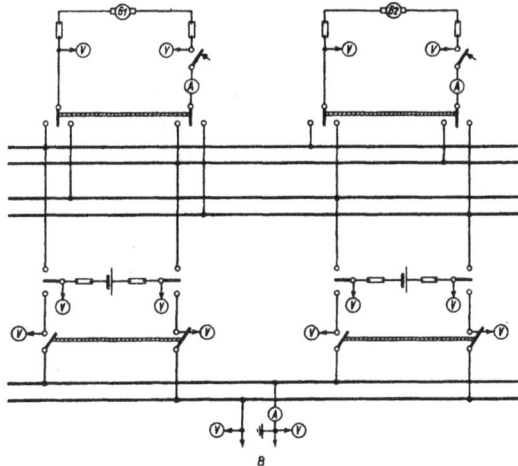

Bild 1. Schaltung einer Stromversorgungsanlage mit Lade- und Entladebetrieb.
B = zur Wähleinrichtung.

die hohen Anschaffungskosten der Batterien, von denen jede wenigstens einen Tagesbedarf der Wählanlage decken mußte, da die Netze nicht so störungsfrei wie heute waren. Daher wurde unter Beibehaltung derselben Betriebssicherheiten eine Verminderung der Batteriegrößen angestrebt, was durch Anwendung des Pufferbetriebes erreicht worden ist.

2. Zweibatteriebetrieb (Lade-, Entlade- und Pufferbetrieb)

Diese Schaltung, die etwa im Jahre 1919 in Deutschland eingeführt wurde, ermöglicht, daß jeder Stromerzeuger mit jeder Batterie parallelgeschaltet die Wählanlage speisen kann. Das bedeutet, daß die auf das Amt geschaltete Batterie während der Pufferung nur die Stromspitzen liefert, wobei der Stromerzeuger die Grundlast übernimmt. Je nach der Dauer der täglichen Pufferung können die Batteriegrößen gewählt werden, so daß man bei sicheren Netzen mit Batterien auskommt, die etwa nur noch die Hälfte der Kapazität besitzen, wie die Batterien bei reinem Lade- und Entladebetrieb. Daß bei dieser Anordnung auch die Aufladung jeder Batterie sowohl mit jedem Stromerzeuger als auch mit beiden sowie reiner Entladebetrieb jeder Batterie möglich ist, geht aus

Bild 2. hervor, das die heute allgemein übliche Schaltung der Strom-versorgung von größe-ren Wählanlagen zeigt. Die Deutsche Reichspost arbeitet z. B. in ihren gro-ßen Wählämtern folgen-dermaßen: Eine Batterie versorgt 7 Tage lang das Amt, indem sie 6 Tage tagsüber derart gepuffert wird, daß die täglich zu-geführte Strommenge et-wa der in 24 h entnom-menen entspricht. Am 7. Tage wird nicht ge-puffert, so daß die Bat-terie entladen wird. Die andere Batterie steht ein-satzbereit und übernimmt die Speisung an Stelle der erschöpften Batterie,

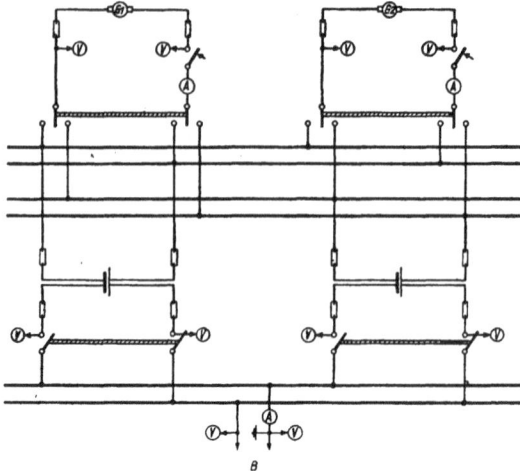

Bild 2. Schaltung einer Stromversorgungsanlage mit Lade-, Entlade- und Pufferbetrieb.
B = zur Wähleinrichtung.

die unmittelbar nach ihrer Entladung wieder aufgeladen wird. Um wäh-rend der Pufferung eine möglichst oberwellenfreie Speisespannung zu er-halten, werden besondere Maßnahmen angewandt, die in den folgenden Abschnitten behandelt werden.

3. Einbatteriebetrieb (Parallel- oder Pufferbetrieb)

Die bisher verfolgte Entwicklung führte zu dem Einbatterie-betrieb, bei dem nur eine Batterie vorhanden ist, die mit einem Gleich-stromerzeuger parallel arbeitet (Bild 44, S. 60). Die Formen dieses Be-triebes, der bei Wählanlagen bis etwa 1500 Teilnehmeranschlüsse heute Eingang gefunden hat und darüber hinaus weiter eingeführt wird, sind mannigfaltig. Die Anschaffungskosten bestehen nur aus den Kosten eines Stromerzeugers und einer Batterie, die, wie unten gezeigt wird, klein gewählt werden kann im Vergleich zu den Batteriegrößen der vorher beschriebenen Betriebsarten. Die Entwicklung ging auch hier von der Verwendung eines Motorgenerators aus, der entsprechend dem Strom-bedarf der Wählanlage ein- und ausgeschaltet oder geregelt wurde. Erst die Möglichkeit, Gleichrichter an Stelle der Maschinen zu verwenden, brachte die Entwicklung zu dem Abschluß, den heute der einwandfreie Betrieb mit diesen Anordnungen darstellt.

Bei Einbatteriebetrieb ist allgemein zu unterscheiden zwischen Verbrauchern, die eine gleichbleibende Belastung für die Batterie dar-stellen, und solchen, bei denen die Belastung schwankt. Zu ersteren gehören z. B. Uhrenanlagen, für die man ohne Schwierigkeiten einen Pufferstrom, der die Entnahme deckt, festlegen kann. Die Batterien dienen neben der Spitzendeckung zur Reserve für Ausfälle des Gleichstromerzeugers, so daß die Batteriegrößen nur auf Grund einer geforderten Bereitschaftsdauer bemessen werden. Fernsprech-Wählanlagen hingegen stellen Verbraucher dar, bei denen der Strombedarf durch den in seiner Größe schwankenden Sprechverkehr bestimmt ist. Ein mittlerer Pufferstrom, der die ungleichmäßige, nicht im voraus bekannte Entnahme aus der Batterie deckt, ist nur schwer einzustellen. Bei ideal dem Entladestrom angepaßtem Pufferstrom bildet auch hier die Batterie in der Hauptsache eine Reserve für den Netzausfall.

Es gibt hauptsächlich 2 Pufferverfahren, die unter den folgenden Namen angewendet werden:

    1. Tropf-(Sicker-)Ladung,

    2. selbstregelnde Dauerladung.

Bei der Tropfladung, die zuerst in Amerika unter dem Namen »trickle charging« eingeführt worden ist, wird eine Pufferung mit einem festeingestellten Strom verstanden. Die Größe dieses Stromes entspricht der mittleren Stromentnahme durch den Verbraucher mit einem Zuschlag zur Deckung der Batterieverluste. Die Batterien haben, abgesehen von Zeiten starker Spitzenbelastung, etwa ihren vollen Arbeitsinhalt. Eine Überwachung beschränkt sich auf das Nachfüllen des verdunsteten Wassers und auf eine Beobachtung der Größe der Pufferströme. Gasung und Erwärmung der Batterien, wie sie bei Ladung mit maximalen Ladeströmen auftreten, kommen selten vor. Infolgedessen werden die Platten nur wenig beansprucht. Am Boden der Gefäße von Bleisammlern bilden sich nur geringe Niederschläge; auch ein Sulfatieren der Platten findet selten statt, wie weiter unten bei Behandlung der Bleisammler gezeigt wird. Die Lebensdauer der Batterien ist größer, als wenn sie in Lade- und Entladebetrieb verwendet werden (s. S. 29).

Eine gewisse Schwierigkeit besteht in der Regelung und Überwachung der Pufferströme. In Fernsprechanlagen schwankt die tägliche Stromentnahme aus den Batterien je nach Art der Betriebe stark. In Bürobetrieben z. B. ist über Sonnabend/Sonntag meist stark herabgesetzter Verkehr, so daß infolge der geringen Stromentnahme eine Überladung in diesen Tagen stattfindet. Es muß die Größe der Pufferströme daher ständig den Betriebsverhältnissen angepaßt oder durch Überwachungseinrichtungen selbsttätig eingestellt werden. Auch eine Begrenzung der Ladung durch Ein- oder Ausschaltung des Stromes in Abhängigkeit von der Batteriespannung kann dieses Puffersystem geeignet machen zum Betrieb von kleinen Fernsprechanlagen, deren Stromentnahme aus der Batterie nahezu konstant ist.

Unter selbstregelnder Dauerladung (full float method) wird eine Pufferung verstanden, bei welcher die Batterieentnahme ständig durch

Nachladung ersetzt wird und der Pufferstrom sich allen Schwankungen im Stromverbrauch der Wählanlage selbsttätig anpaßt, d. h. bei großem Stromverbrauch der Wählanlage wird von dem Stromerzeuger ein großer Pufferstrom, bei kleinem Stromverbrauch nur ein geringer Strom geliefert, stets mit einem bestimmten Überschuß zur Deckung der Batterieverluste. Alle für dieses System geeigneten Puffereinrichtungen müssen eine bestimmte Stromspannungskennlinie (Abhängigkeit der abgegebenen Stromstärke von der Batteriegegenspannung) haben, wie weiter unten unter »III. Lade- und Puffereinrichtungen« (S. 37) gezeigt wird.

Diese Art der Pufferung bedarf geringster Überwachung, die sich auf die Pflege der Batterien beschränkt, wobei lediglich verdunstetes Wasser nachzufüllen ist. Auch bei diesem Betrieb tritt kein Gasen und keine Erwärmung der Zellen auf, wodurch die Platten außerordentlich geschont werden, so daß mit größter Lebensdauer gerechnet werden kann (s. S. 29). In Deutschland hat die Entwicklung der genannten Puffersysteme von der Tropfladung zur selbstregelnden Dauerladung mit mannigfaltigen Formen ihren Abschluß gefunden. Dieses System ist allgemein eingeführt und hat sich außerordentlich bewährt. Die verschiedenen Formen dieser Systeme werden unter III. näher behandelt.

Die Aufgabe der Batterie bei der heute üblichen Pufferung besteht weniger darin, bei normalem Betrieb den benötigten Strom für die Wählanlage zu liefern, als vielmehr als Speicher die Stromlieferung bei Ausfall des Netzes oder des Stromerzeugers zu übernehmen, und ferner als Dämpfung für die Oberwellen des Gleichstromerzeugers (Generatoren, Gleichrichter, Gleichstromnetze) zu dienen.

Entsprechend hat der Stromerzeuger weniger die Aufgabe, als Batterielader zu dienen, sondern vielmehr den Verbraucherstrom direkt zu liefern und dabei die Batterie auf hohem Ladezustand zu halten unter allen nur möglichen Betriebszuständen.

Während bei dem ZB-Betrieb die Speisung der Batterie mit Pufferstrom durch einen örtlichen Stromerzeuger geschieht, sei als besondere Art des Einbatteriebetriebes die Speisung vom übergeordneten Amt aus erwähnt, d. h. die Pufferung der Batterie einer kleinen Nebenstellenanlage aus der Amtsbatterie des öffentlichen Amtes. Der Pufferstrom verläuft z. B. über die b-Ader der Amtsleitung und Erde. Er bleibt, je nach der Technik der Nebenstellenanlage, während einer Belegung dieser Verbindungsleitung zwischen öffentlichem Amt und der Nebenstellenanlage bestehen oder wird unterbrochen. Die Größe des Pufferstromes wird auf einen gleichbleibenden Wert mittels Widerstandes eingestellt. Der Nebenstellerbesitzer wird mit den Kosten entsprechend der Höhe des Pufferstromes belastet, wenn sie nicht in den Fernsprechgebühren enthalten sind.

4. Batterieloser Netzanschlußbetrieb

Bei kleinen Wählanlagen treten die Wartungskosten der Stromversorgungseinrichtungen gegenüber den Gesamtwartungskosten erheblich in Erscheinung. Die Pflege der Batterien erfordert eine regelmäßige Aufsicht. Die Unterbringung von Batterien ist ferner immer mit gewissen Forderungen verbunden: Wenn auch vielfach die Batterien in schrankähnlichen Gehäusen mit geringem Platzbedarf untergebracht werden können, wird oft ein besonderer Batterieraum benötigt, während der Wählteil in einem Büroraum (Pförtnerzimmer o. ä.) Platz finden kann. Es sind daher batterielose Netzanschlußgeräte entwickelt worden, bei denen die Speisung unmittelbar aus einem Licht- oder Kraftnetz vorgenommen wird. Diese Netzanschlußgeräte benötigen im Betrieb keinerlei Wartung. Nachteilig wirkt sich bei dieser Speisung aus, daß bei Störungen des Netzes auch die Wählanlagen und damit der Fernsprechverkehr gestört sind. Aus diesem Grunde wird vielfach mit der Einführung der batterielosen Speisung gezögert in der Erkenntnis der Tatsache, daß gerade bei Netzausfall ein gesteigertes Fernsprechbedürfnis vorliegt. Dieser Nachteil entfällt z. T. bei netzgespeisten Nebenstellenanlagen, bei denen eine Sprechstelle bei Netzausfall immer noch den Verkehr mit dem Amt ermöglicht, von dem sie ihren Speisestrom erhält. Die übrigen Sprechstellen sind allerdings außer Betrieb gesetzt. Die Einsatzmöglichkeit von Netzersatzanlagen läßt diesen Nachteil entfallen.

5. Betriebssicherheit

Betriebssicherheit ist die oberste Forderung, die an eine Stromversorgungsanlage zu stellen ist. Schon bei der Planung ist zu prüfen, ob das speisende Netz zuverlässig ist. Über die Batteriereserve hinaus andauernde Netzausfälle können eine Wählanlage außer Betrieb setzen, wenn nicht Netzersatzeinrichtungen vorhanden sind. Die bauliche Unterbringung ist bei wichtigen Anlagen so zu gestalten, daß äußere Einflüsse jeder Art unwirksam und z. B. die Forderungen an Luftschutzeinrichtungen erfüllt sind. Ein einwandfreier und übersichtlicher Aufbau der Einrichtungen ist grundlegend für ihren sicheren Betrieb und ihre Pflege. Stromversorgungsanlagen bieten nur in gut gepflegtem Zustand Sicherheiten. Wirtschaftliche Gesichtspunkte müssen zurücktreten, wo Sicherheit und Einsatzbereitschaft notwendig sind. Die Wahl der Batteriegrößen ist in erster Linie eine Frage der geforderten Betriebsreserve und damit der Betriebssicherheit.

Die Betriebssicherheit von batterielosen Netzanschlußgeräten ist nur abhängig vom speisenden Netz, da sie praktisch keine störungsanfälligen Einrichtungen haben. Bei Netzausfall ist die Fernsprechanlage z. T. außer Betrieb, wenn nicht ein Netzersatz zur Verfügung steht.

Mit den Fragen der Betriebssicherheit sind die der Betriebsreserve eng verbunden.

6. Betriebsreserve

In erster Linie sind die Batterien nach den Forderungen einer bestimmten Einsatzdauer bei Ausfall des speisenden Netzes zu bemessen. Im allgemeinen werden heute die Batteriekapazitäten so gewählt, daß etwa eintägiger Betrieb bei Netzausfall möglich ist. Darüber hinaus werden jedoch für wichtige Anlagen die Batterien für mehrtägige Bereitschaft vorgesehen, wenn nicht die Einsatzmöglichkeit von Netzersatzanlagen gestattet, die Batteriekapazität geringer zu wählen. In großen Wählämtern werden vielfach neben deren Betriebsspannungen eine Reihe anderer Spannungen für Verstärkereinrichtungen, Ersatz-Lichtstromkreise usw. benötigt, so daß ein rascher Einsatz der Netzersatzanlage gefordert wird: der selbsttätig bei Netzausfall anlaufende Dieselmaschinensatz sichert sofort die weitere Speisung der Verbraucher. Für kleine Ämter wird durch fahrbare oder tragbare Maschinensätze, bestehend aus einem Verbrennungsmotor und einem Generator, ein Netzersatz hergestellt. Der Einsatz dieser beweglichen Einrichtungen kann für mehere Ämter von einem zentralen Ort aus geschehen. Batterielose Netzanschlußgeräte besitzen keine Betriebsreserve, weshalb vor ihrer Verwendung genaue Überlegungen anzustellen sind, wie sich ein Ausfall des Fernsprechbetriebes auswirken würde.

7. Betriebsspannungen

Neben der Gleichspannung für die Speisung der Wähler-, Relais- und Sprechstromkreise werden verschiedene Spannungen verwendet zur Ruf- und Hörzeichenerzeugung: Rufspannung (Wechselspannung mit niedriger Frequenz), Summerspannungen (Wechselspannungen verschiedener Frequenzen für Wähl-(Amts-), Ruf- und Besetztzeichen, »N. U. tone« in England, Flackerzeichen u. a.) und für bestimmte Zwecke Wechselspannungen mit verschiedenen Frequenzen zur Fernwahl, Zählung u. a. m.

Zum Betätigen der Wähler- und Relaiseinrichtungen wird grundsätzlich Gleichspannung verwendet. Der Betrieb mit Wechselspannung hätte neben dem Vorteil geringerer Funkenbildung an den Kontakten und unwesentlicherer elektrolytischer Zersetzung an den Relaisspulen u. a. den großen Nachteil, daß es nicht möglich ist, Wechselstrom zu speichern, um den stark wechselnden Strombedarf wirtschaftlich und technisch einwandfrei decken zu können. Für die Speisung der Sprechstromkreise muß Gleichspannung verwendet werden, so daß man zweckmäßig auch für die Wähler und Relais dieselbe Spannung benutzt. Die Höhe dieser Spannungen ist verschieden und beträgt im allgemeinen 6, 24, 36, 48 bzw. 50 oder 60 V. In Deutschland wird 6 V Spannung nur verwendet bei kleinsten Anlagen, wie Wahlrufanlagen, wo eine Speisung mit kleinen Batterien bei jedem Teilnehmeranschluß stattfindet. Mit 24 oder 36 V Spannung werden Wählanlagen gespeist, deren Teilnehmerleitungen kurz sind, also im besonderen Wählnebenstellenanlagen. Öffentliche Wählanlagen und mittlere und große Nebenstellenanlagen haben grundsätzlich 60 V Betriebsspannung, im Gegensatz zu Amerika, wo 48 und 50 V eingeführt ist. In England werden die gleichen Spannungen gebraucht. Die niedrigen Spannungen der amerikanischen Anlagen sind daraus zu erklären, daß die dortigen Feuerversicherungen diese Spannungen als Niederspannung betrachten, so daß die Prämiensätze geringer sind als bei Spannungen über 50 V. Die in Deutschland gebräuchliche Spannung von 60 V ist in dem Bestreben gewählt worden, eine hohe Speisespannung zu benutzen, um den Einfluß der verschieden großen Widerstände der Teilnehmeranschlußleitungen möglichst auszuschalten.

Bei reiner Batteriespeisung ist die Gleichspannung völlig oberwellenfrei. Bei Pufferbetrieb dagegen lagern sich der Batteriespannung Störspannungen der Stromerzeuger über, wenn diese keine oberwellenfreie Spannung abgeben. Die Sprechstromkreise werden durch diese Störspannungen (Störgeräusche) von einer bestimmten Höhe ab derart beeinflußt, daß die Verständlichkeit der Gespräche leidet. Die von den Stromversorgungseinrichtungen verursachten Geräusche (Stromversorgungsgeräusche) bilden mit dem Verstärkergeräusch, Starkstromgeräusch (Starkstrombeeinflussung), Nebensprechen u. a. die Leitungsgeräusche. Nach den Empfehlungen und Richtlinien des CCIF[1]) müssen die an den Enden eines zwischenstaatlichen Sprechweges auftretenden Leitungsgeräusche so klein sein, daß die Geräusch-EMK 2 mV bei einem Kabel nicht überschreitet, wobei unter Geräuschspannung die Summe der auf die Ohrempfindlichkeit bei 800 Hz bezogenen Störspannungen verstanden wird. Bei der Behandlung der Stromquellen und Ladeeinrichtungen wird auf die zu verwendenden Mittel und Anordnungen eingegangen, um eine für die Speisung geeignete oberwellenfreie Gleichspannung zu erhalten. Allgemein gültige Angaben über die noch zulässige Spannungshöhe des Stromversorgungsgeräusches z. B. an den Ausgangsklemmen von Stromversorgungseinrichtungen (an den Batteriepolschuhen der Entladeleitungen) lassen sich nicht machen, da der Störeinfluß von folgenden Faktoren abhängig ist: Verlegung der Lade- und Entladeleitungen und deren Widerstände, Induktivität der Speiserelais in den Sprechstromkreisen und deren Symmetrie, und Empfindkeit der Teilnehmerschaltungen. Ferner ist der innere Widerstand der Batterie (abhängig hauptsächlich von der Batteriegröße, dem Ladezustand und dem Alter) von großem Einfluß auf die Minderung der vom Stromerzeuger gelieferten Oberwellen, in dem die Batterie für diese einen mehr oder wenigen großen Kurzschluß darstellt.

Um einen Anhalt zu geben, sei etwa 2 mV Geräuschspannung an den Ausgangsklemmen zur Wählanlage bei üblichen Wählsystemen

---

[1]) Comité Consultatif International des Communications Téléfoniques à grande distance (F = Fernsprechen).

und Anordnungen als oberste Grenze genannt. Dieser Wert kann bis auf etwa 6 m V erhöht werden, wenn es lediglich darauf ankommt, den Störeinfluß auf die Verständlichkeit der Gespräche so zu mindern, daß ein störendes Geräusch in den Teilnehmertelefonen nicht vorherrscht.

Ein in Deutschland seit etwa 1924 allgemein bei Pufferbetrieb angewandtes Mittel zur Herabsetzung der Störspannungen der Puffermaschinen oder Gleichrichter ist die getrennte Verlegung der Batterielade- und Entladeleitungen, wie es auf Bild 3 gezeigt ist. Vom Stromerzeuger, z. B. einem Gleichrichter, werden über Schalter, Instrumente, Sicherungen u. a. die Ladeleitungen an die Batteriepolleisten geführt. Von diesen Polleisten werden die Entladeleitungen über Schalter, Instrumente, Sicherungen u. a. zur Wähleinrichtung geführt. Da die Instrumente und Schalter der Lade- und Entladeleitungen stets zusammen z. B. auf einer Tafel im Gleichrichterraum angeordnet sind, ist bei dieser Trennung der Lade- und Entladeleitungen etwa die doppelte Leitungs-

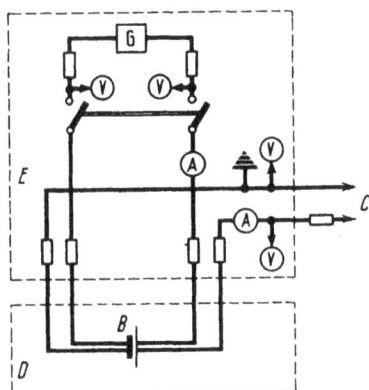

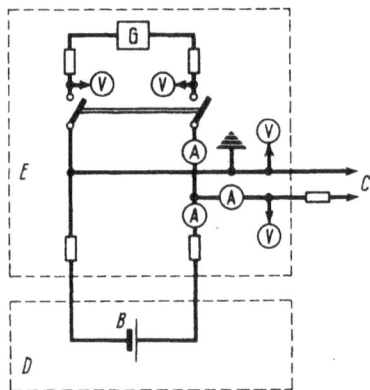

Bild 3. Anordnung mit getrennten   Bild 4. Anordnung mit gemeinsamen
Lade- und Entladeleitungen.   Lade- und Entladeleitungen.
G = Gleichstromerzeuger; B = Batterie; C = zur Wähleinrichtung; D = Batterieraum;
E = Stromerzeuger und Bedienungsraum.

länge zu verlegen, wie bei gemeinsamer Lade- und Entladeleitung (Bild 4), wo die Stromzuführung zur Wähleinrichtung unmittelbar von der Tafel abgeführt ist und zur Batterie nur ein Leitungspaar führt. Die Störspannungen gleichen sich bei der erstgenannten Anordnung über die Batterie mit ihrem im Vergleich zu der Wählanlage geringen Widerstand aus und beeinflussen die Wählanlage nur noch im Verhältnis dieser Spannungsteilung. Bei Verwendung gemeinsamer Lade- und Entladeleitungen bilden die in den Batteriezuführungen liegenden Nebenwiderstände, Verbindungsstellen, Leitungswiderstände usw. gemeinsame Widerstände für die Störspannung, so daß eine erhöhte Verteilung auf das Wählamt stattfindet. Bilder 5 und 6 zeigen die Ersatzschaltbilder

der genannten Anordnungen. Der erhöhte Aufwand an Leitungsbaustoffen bei getrennter Verlegung ist berechtigt in Anbetracht der erreichten Geräuschfreiheit und der erheblichen Kosten von Drosseln und Kondensatoren, wie sie bei gemeinsamer Verlegung notwendig wür-

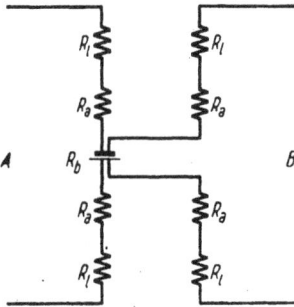

Bild 5. Ersatzschaltbild der Anordnung mit getrennten Lade- und Entladeleitungen.

Bild 6 Ersatzschaltbild der Anordnung mit gemeinsamen Lade- und Entladeleitungen.

A = vom Gleichstromerzeuger; B = zur Wähleinrichtung; R_l = Leitungswiderstände; R_a = Apparatewiderstände (Schalter, Sicherungen usw.); R_b = Batteriewiderstand.

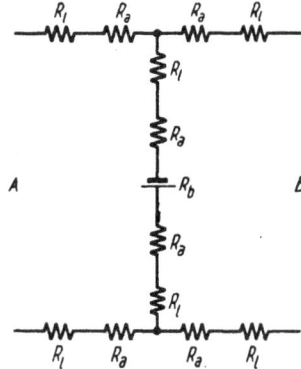

den. Auch die Gleichrichter und Maschinen müßten für wesentlich geringere Oberwelligkeit hergestellt sein, was höhere Anschaffungskosten, u. U. auch schlechteren Wirkungsgrad bedingt.

Unter Verwendung getrennter Lade- und Entladeleitungen gelingt es z. B. unter Umständen, übliche Generatoren, die nicht zur Erzeugung einer besonders oberwellenfreien Gleichspannung hergerichtet sind, zum störungsfreien Pufferbetrieb ohne besondere Glättungsmittel zu benutzen. Bei Speisung mit Trocken- oder Glasgleichrichtern müssen zusätzlich Mittel aufgewendet werden, um je nach der Art der Gleichrichterschaltung (2-, 3-, 6 phasig) die Hauptstörfrequenzen zu drosseln. Die Siebung des von batterielosen Netzanschlußgeräten gelieferten Gleichstromes geschieht mit Induktivitäten und Kapazitäten.

Zum einwandfreien Betrieb der Wähler- und Relaisanordnungen ist es erforderlich, daß bestimmte Grenzen (Toleranzen) der Speisespannung eingehalten werden, um die Anzugs-, Halte-, Abfall- und Fehlstrombedingungen der Relais zu erfüllen. Bei reinem Entladebetrieb macht die Einhaltung der Spannungsgrenzen, die für die einzelnen Wählsysteme verschieden liegen, keine besonderen Maßnahmen erforderlich, wenn die Spannungsabfälle der Speiseleitungen unter einer bestimmten Größe bleiben (s. Abschn. VII). Die Entladekennlinien der Bleisammler und bestimmter Stahlsammler verlaufen zum großen Teil fast horizontal. Bei Pufferbetrieb müssen dagegen Vorkehrungen getroffen werden, die Spei-

2*

sespannung innerhalb der geforderten Grenzen zu halten, da hier sowohl auf der Entlade- als auch auf der Ladekennlinie der Sammler gearbeitet wird. U.U. ist eine Regelung der Spannung durch Gegenzellen (s. IV. Zusatz- und Sondereinrichtungen) in den Speiseleitungen zur Wählanlage nötig. Als Gegenzellen haben sich alkalische Gegenzellen in den letzten Jahren bewährt, die im Gegensatz zu den früher allgemein eingeführten Bleigegenzellen keine praktisch bemerkbare Kapazität besitzen und ohne Vorwiderstände kurzgeschlossen werden können. Auch das Zuschalten von Endzellen ist z. B. im Ausland zur Hebung der Batteriespannung gebräuchlich. Allgemein ist festzustellen: je enger die Spannungsgrenzen sein müssen, desto größer ist der Aufwand zu ihrer Einhaltung. Im besonderen ist auch die Bestimmung der Batteriegröße davon abhängig: Bei reinem Entladebetrieb können die Batterien, wenn die untere Grenze hoch liegt, nur bis zu einem bestimmten Grade entladen werden; bei Pufferbetrieb dagegen ist die Lage der oberen Spannungsgrenze maßgebend. Wie weiter unten bei Behandlung der Sammler gezeigt wird, ist die Spannung einer Bleisammlerzelle abhängig vom Ladezustand und von der Größe des Ladestromes: je geringer der Ladestrom, um so niedriger ist die Spannung bis zur vollen Aufladung (selbstverständlich bei verlängerter Ladezeit) (Bild 13 S. 27). Die Größe des Pufferstromes ist bedingt durch den Stromverbrauch der Wählanlage und kann, da ja die Batterie möglichst wenig zur Speisung herangezogen werden soll, nicht beliebig gewählt werden. Infolgedessen muß die Batterie in einem ganz bestimmten Verhältnis zum Pufferstrom und zum Stromverbrauch stehen, damit einmal die geforderten Spannungsgrenzen nicht überschritten werden, zum anderen aber auch die Batterie sich stets in einem möglichst hohen Ladezustand befindet. Ein unwirtschaftlicher Weg, dieses Ziel zu erreichen, ist, die Batterie im Verhältnis zum Pufferstrom sehr groß zu machen, der andere besteht darin, mit der unter 3. genannten selbstregelnden Dauerladung und einer entsprechend kleinen Batterie zu arbeiten.

Im folgenden werden die Spannungsgrenzen einiger Wählsysteme (an den Wähler- und Relaiseinrichtungen) angeführt:

24 V Wähl-Systeme (Nebenstellen- und Hausfernsprechanlagen), Deutschland: etwa 22...27 V,

24 V Relais-Systeme (Nebenstellen- und Hausfernsprechanlagen), Deutschland: etwa 22...30 V,

60 V Wähl-Systeme (mittlere und große Anlagen), Deutschland: etwa 57...62 V,

60 V Wählsysteme (kleine und mittlere Anlagen), Deutschland: etwa 57...65 V (zeitweilig),

48, 50 V Wähl-Systeme, Amerika: etwa 46...52 Volt,

48, 50 V Wähl-Systeme, England: etwa 46...52 V, die bei kleinen Anlagen in beiden Ländern bisweilen erweitert werden.

Allgemein wird in Wähleinrichtungen gemeinsam der Pluspol aller Stromkreise geerdet. Diese Betriebserdung (s. Abschn. VII) wird an der Stromversorgung, d. h. an der Zuleitung zu den Wähleinrichtungen vorgenommen. Dadurch ist die Gefahr elektrolytischer Zersetzungen an der Vielzahl der Wähler- und Relaisspulen vermieden, weil die Eisenkerne durch die Sicherungserdung ebenfalls Erdpotential besitzen. Haben die Wicklungen negatives Potential gegen die Kerne, wirkt sich die Metallwanderung von den Kernen zum Kupferwicklungsdraht nicht schädlich aus, während bei umgekehrten Verhältnissen (neg. Potential der Kerne) die geringen Drahtquerschnitte geschwächt und geschädigt werden könnten.

8. Betriebspflege

Die Betriebspflege von Stromversorgungseinrichtungen erstreckt sich in erster Linie auf die Wartung der Batterien, Maschinen und Gleichrichter. Die Lieferfirmen dieser Einrichtungen geben stets für ihre Pflege Anweisungen mit, deren genaue Beachtung maßgebend ist für die Lebensdauer und Betriebssicherheit der Anlagen. Die anfangs gezeigte Entwicklung vom Zwei- zum Einbatteriebetrieb brachte für die Betriebspflege wesentliche Vereinfachungen mit sich: lediglich die Batterien müssen gewartet werden, während die selbsttätigen Puffergleichrichter (Trocken- und Quecksilberdampfgleichrichter) praktisch keiner Wartung bedürfen. Für kleine fernüberwachte Ämter ist eine Anzahl Überwachungseinrichtungen entwickelt worden, die z. B. über eine Teilnehmerleitung selbsttätig oder nach Wahl einer bestimmten Teilnehmernummer (automatischer Teilnehmer) ein der Störung entsprechendes Signal geben. Plötzlich eintretende Störungsfälle machen stets den Eingriff von Überwachungspersonal nötig, das bei weit voneinander entfernt liegenden Wählämtern möglichst motorisiert sein muß. Zu solchen Störungen, nach der Schwere geordnet, gehören: Durchbrennen der Hauptsicherungen und Schadhaftwerden einer Sammlerzelle durch Auslaufen, infolgedessen Ausfall der ganzen Wählanlage, ferner die mannigfaltigen Störungen der Wähler- und Relaisstromkreise (Durchbrennen von Feinsicherungen usw.), Kurzschluß einer Sammlerzelle, Ausfall des speisenden Netzes u. a. m. Die erstgenannten beiden Schäden müssen sofort beseitigt werden, während die folgenden bestehen bleiben können, bis ein gelegentlicher Besuch eines Störungssuchers stattfindet. Das Ausbleiben des Netzes ist über eine Zeitspanne, die innerhalb der Bereitschaftsdauer der Batterien liegt, unbedenklich: ein Aufruf bei dem den Bezirk versorgenden Elektrizitätswerk gibt Aufschluß über die voraussichtliche Dauer des Netzausfalls.

Vor Wiedereinsetzen einer schadhaften Hauptsicherung sind nach Behebung der Störungsursache zunächst möglichst viele Stromkreise der Wähleinrichtung, d. h. Wählergestelle durch Herausnehmen der

Gestellsicherungen vom Speisestromkreis abzutrennen. Würde man ohne diese Maßnahme die Hauptsicherung einsetzen, würde diese neue Sicherung sofort wieder zerstört werden, weil die beim Durchbrennen der Hauptsicherung belegten Verbindungswege im gleichen Betriebszustand geblieben sind und bei Wiederkehr des Stromes sich die betreffenden Wähler alle gleichzeitig in ihre Ruhestellung zurückbegeben würden.

II. Stromquellen

Die Anwendungsgebiete von Primärelementen (2) und Akkumulatoren (Sammlern) (3)[1]) trennen sich deutlich bis auf ein enges Grenzgebiet.

Überall dort, wo geringe Ströme und ferner Spannungen, die in verhältnismäßig weiten Grenzen schwanken dürfen, benötigt werden, ist der Einsatz von Primärelementen angebracht. Wählanlagen, die sowohl hohe Spitzenströme aufnehmen, als auch einen täglichen Strombedarf über etwa 0,5...0,8 Ah haben, wobei möglichst gleichbleibende Spannung gefordert ist, müssen mit Sammlern gespeist werden. Unter Umständen können natürlich auch bis zu gewissen Grenzen noch Primärelemente in Frage kommen, wenn z. B. gegen die Verwendung von Akkumulatoren das Fehlen einer Lademöglichkeit oder hohe KWh-Kosten des Netzes sprechen.

Im folgenden werden die besonderen Eigenschaften dieser beiden Arten von Stromquellen behandelt.

1. Primär-Elemente

Infolge ihrer günstigen Eigenschaften für den Betrieb von kleinsten Fernsprechanlagen sind hauptsächlich zwei Arten eingeführt:

Elemente mit Depolarisation durch Braunstein und
Elemente mit Depolarisation durch Luftsauerstoff.

Von beiden Arten gibt es Naßelemente und sog. Trockenelemente, bei denen der Elektrolyt eingedickt ist. Trockenelemente sind ohne weiteres gebrauchsfertig, während die sog. Füllelemente (Lagerelemente) vor Inbetriebnahme mit Wasser aufgefüllt werden müssen. Sie besitzen ungefüllt unter günstigen Verhältnissen eine praktisch unbegrenzte Lagerfähigkeit.

Der wesentliche Unterschied der Elemente mit Luftsauerstoff- und Braunstein-Depolarisation besteht im Verlauf der Spannungskennlinien bei Belastung. Im Bild 7 sind die Klemmenspannungen aufgetragen bei ununterbrochener Entladung über 10 Ohm. Wenn auch eine derartig gleich-

---

[1]) (2) (3): Unter diesen Zahlen ist am Schluß des Buches eingehendes Schrifttum genannt.

mäßige Belastung durch eine Fernsprechwählanlage nicht auftreten kann, erkennt man deutlich, daß die Elemente mit Luftsauerstoff-Depolarisation (Kurve a) bei gleicher Entladezeit eine wesentlich gleichbleibendere Spannung liefern als die Elemente mit Braunstein-Depolarisation. Bei einem Wählsystem, das z. B. Spannungsschwankungen zwischen 22...27 V verträgt, wird man anfangs etwa 25 Elemente vorsehen, um dann 2 Zellen hinzuzuschalten, wenn die Spannung unter 22 V, das sind 0,88 V je Element, gesunken ist.

Naßelemente sollen hauptsächlich dort verwendet werden, wo Wartung vorhanden ist, so daß ein Auswechseln von einzelnen Teilen leicht erfolgen kann. Sie besitzen im allgemeinen geringere innere Widerstände als die Trockenelemente, sind kurzzeitig mit größeren Stromstärken belastbar und haben ein größeres Fassungsvermögen. Sie sind wegen ihrer unbequemen Aufstellung und Inbetriebnahme für die vorliegenden Zwecke wenig eingeführt.

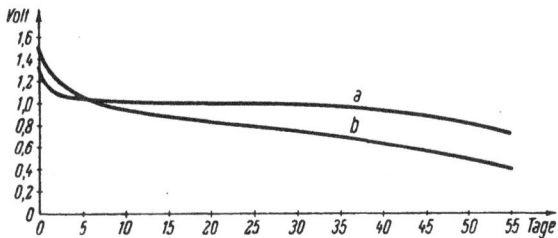

Bild 7. Spannungsverlauf von Trockenelementen bei ununterbrochener Entladung über 10 Ohm.

a = Element mit Depolarisation durch Luftsauerstoff;
b = Element mit Depolarisation durch Braunstein.

Der innere Widerstand eines Trockenelements beträgt etwa 0,1...0,5 Ohm, zunehmend mit dem Entladungszustand, so daß die Verwendung beschränkt ist auf die Speisung von Stromverbrauchern, deren Stromentnahme nur in geringen Grenzen schwankt (der innere Widerstand einer Bleiakkumulatorenzelle ist wesentlich geringer (S. 29).

Bereits in kleinsten Wähleranlagen treten bei Betätigen eines Wählerstromkreises Stromstöße von über 1 A auf, so daß hier durch die Forderung nach möglichst gleichbleibender Spannung eine Grenze in der Verwendung gesetzt ist. Die obenerwähnte Elementezahl hat einen inneren Widerstand von etwa 2...12 Ohm, d. h. eine Veränderung der Stromentnahme um 1 A ruft eine Spannungsschwankung von etwa 2...12 V hervor; das sind Werte, die kaum einen einwandfreien Betrieb einer Wählereinrichtung ermöglichen. Primärelemente können deswegen nur in Wählnebenstellen- und Hausfernsprechanlagen eingesetzt werden, bei denen an Stelle der Wähler Relais zur Herstellung der Sprechverbindungen benutzt werden. Bei solchen Anlagen, deren Teilnehmerzahl im allgemeinen unter 10 liegt, treten keine derartig hohen Stromspitzen auf.

Bei dem sog. OB (Ortsbatterie)-Betrieb (jeder Teilnehmer besitzt eine Stromversorgung) haben die Trockenelemente lediglich die geringen

Stromstärken zum Speisen der Sprechstromkreise zu liefern, so daß sie hier in ihrer Bedienungslosigkeit eine ideale Stromquelle darstellen.

Bei ZB (Zentralbatterie)-Betrieb versorgt eine gemeinsame Stromversorgung den gesamten Bereich der Wähl-Fernsprechanlage. Hier treten die oben geschilderten Verhältnisse auf:

Forderung geringer Spannungstoleranzen,
Auftreten erheblicher Stromstärken, die innerhalb weiter Grenzen schwanken.

Die größten heute auf dem Markt befindlichen Primärelemente haben eine Kapazität von etwa 600...1000 Ah. Aus wirtschaftlichen Gründen geht man im allgemeinen für die Speisung von Fernsprechanlagen nicht über eine Größe von etwa 300 Ah. Das bedeutet bei täglicher Stromentnahme von 0,5 Ah eine Lebensdauer von etwa 2 Jahren, wenn man durch Zuschalten von neuen Elementen die abgesunkene Spannung hebt. Die Anschaffungskosten dieser Elemente sind etwa dieselben, wie die einer Bleiakkumulatorenbatterie, die im Austauschbetrieb den gleichen täglichen Bedarf etwa 2 Monate lang deckt. Aus diesem Beispiel ist zu ersehen, wo etwa die Grenzen der Verwendung von Primärelementen und Sammlern liegen.

2. Akkumulatoren (Sammler)

Nach den dargelegten grundsätzlichen Verwendungsmöglichkeiten sind also Sammler geeignet für die Speisung von Stromverbrauchern, bei denen auf gleichbleibende Spannung bei schwankender Stromentnahme Wert gelegt wird.

Während die Elektroden der Primärelemente nach Entladung aufgebraucht sind, können die Elektroden des Akkumulators nach Entladung wieder in den ursprünglichen Zustand dadurch zurückgeführt werden, daß man einen Strom in umgekehrter Richtung wie bei der Entladung durch den Sammler schickt. Damit ist ein Mittel gegeben, elektrische Arbeit, die von Stromerzeugern, wie Maschinen, Gleichrichtern oder ähnlichen, geliefert wird, zu speichern und sie entsprechend dem Bedarf wieder abzugeben.

Es sind zwei Arten von Sammlern für die vorliegenden Zwecke geeignet:

1. Bleisammler mit Schwefelsäure als Elektrolyten,
2. Stahlsammler (Nickel-Kadmium- oder Nickel-Eisen-Sammler) mit Kalilauge als Elektrolyten.

a) Bleisammler

In einer geladenen Zelle enthält die positive Platte als wirksame Masse Bleidioxyd, die negative reines, fein verteiltes schwammiges Blei. Beide werden bei der Entladung in Bleisulfat umgewandelt. Die wirksamme Masse wird auf einem Bleiträger untergebracht und bildet mit ihm die Platte. Je nach Form des Bleiträgers unterscheidet man:

Großoberflächenplatten. Der Bleiträger ist mit zahlreichen feinen Rippen versehen. (Bild 8 und 9). Diese bilden eine große Oberfläche, auf der durch ein elektrolytisches Verfahren (Formation) die wirksame Masse in dünner Schicht aus dem Blei des Trägers selbst erzeugt wird.

Großoberflächenplatten werden nur als positive Platten verwendet.

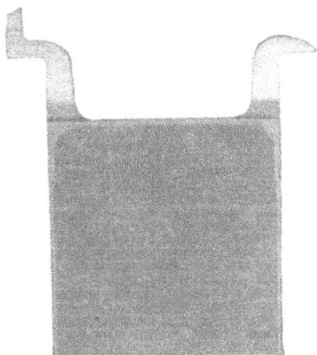

Bild 8. Ansicht einer positiven Bleisammlerplatte (Großoberflächenplatte).

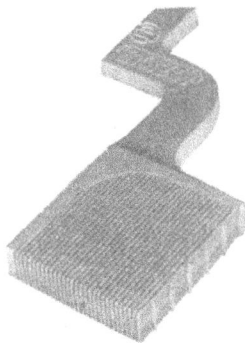

Bild 9. Schnitt durch eine positive Bleisammlerplatte (Großoberflächenplatte).

Gitterplatten. Der Bleiträger bildet ein aus Stäben zusammengesetztes Gitter, in dessen Maschen die wirksame Masse in Form einer Paste eingebracht wird.

Masseplatten oder Rahmenplatten. Ein Bleirahmen umschließt ein oder mehrere verhältnismäßig große Felder, in welche die wirksame Masse in Form einer Paste eingebracht wird.

Gitter- und Masseplatten dienen als positive und negative Platten.

Kasten- oder Taschenplatten. Ein weitmaschiges Gitter ist auf der einen Seite mit durchlochtem Bleiblech abgeschlossen. Zwei solcher Gitter werden aufeinandergelegt und vernietet. Die durch die Gitterstäbe und die Bleiblechabdeckung entstehenden Kästen oder Taschen nehmen die wirksame Masse auf (Bild 10 und 11).

Kastenplatten werden nur als negative Platten verwendet.

Wo starke Stromabgabe eine Ladung täglich oder nach einigen Tagen erforderlich macht, sind Zellen mit positiven Großoberflächenplatten und negativen Kasten- oder Gitterplatten zu wählen. Außerdem kommen für Batterien, die im Pufferbetrieb arbeiten, ausschließlich Großoberflächenplatten in Betracht. Zellen mit positiven und negativen Gitterplatten eignen sich für Entladung mit geringen Stromstärken und für unterbrochene Entladung über längere Zeit (bis etwa 3 Monate). Zellen mit Rahmenplatten gestatten eine Stromentnahme bis zu 1000 h.

Bei geringer Beanspruchung ist eine Wiederaufladung unter Umständen erst nach einem Jahr notwendig. Sie werden z. B. an Stelle von Primärelementen verwendet, wenn deren Leistung für den vorliegenden Bedarf nicht ausreicht oder die Wartung zu Schwierigkeiten im Betrieb führen würde.

Die Betriebsverhältnisse liegen in Fernsprechwählanlagen fast immer so, daß nur Zellen mit positiven Großoberflächenplatten verwendet

Bild 10. Ansicht einer negativen Bleisammlerplatte (Kastenplatte).

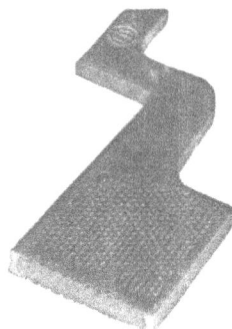

Bild 11. Schnitt durch eine negative
Bleisammlerplatte (Kastenplatte).

werden. Deshalb beziehen sich die folgenden Ausführungen nur auf diese Bauart.

Im Zweibatteriebetrieb (Lade- und Entladebetrieb) werden die Batterien entsprechend bestimmten Laderegeln geladen und nach einem bestimmten Plan entladen. Die Ladung[1]) von Batterien geschieht meist folgendermaßen: Begonnen wird gewöhnlich mit der Stromstärke, die als die normale Ladestromstärke für jede Batterie angegeben wird. Gegen Ende der Ladung, wenn die Batterie bei 2,4 V Zellenspannung zu gasen beginnt, geht man häufig zur größeren Schonung der Batterie und zur Verbesserung des Wirkungsgrades auf eine kleinere Ladestromstärke, etwa die Hälfte des Anfangswertes, zurück. Die Batterieladung wird dann noch eine Zeitlang fortgesetzt, wobei die Zellenspannung bis auf etwa 2,75 V ansteigt. Durch Messen der Zellenspannung und der Säuredichte stellt man den Ladezustand der Batterie fest und schaltet dann im geeigneten Zeitpunkt die Ladung ab.

---

[1]) Es hat sich hier der Begriff »Schnelladung« eingeführt. Man versteht darunter im Gegensatz zur Dauerladung (Pufferbetrieb) eine selbsttätige Ladung, bei der die höchste Ladespannung von 2,7 V je Zelle erreicht werden kann. Die Stromspannungskennlinie eines Schnelladegleichrichters zeigt Bild 36, Kurve a, S. 54. Im Einbatterie-Pufferbetrieb wird bisweilen die Schnelladung benutzt, um die Batterie, z. B. nach einem Netzausfall, wieder auf den notwendigen Arbeitsinhalt zu bringen.

Bei Zweibatteriebetrieb mit Pufferung wird die die Wähleinrichtungen versorgende Batterie in Zeiten großer Belastung gepuffert. Im reinen Pufferbetrieb arbeitet die Pufferbatterie ständig parallel mit einem Stromerzeuger, wobei die schwankende Stromentnahme der Wählanlage so zu decken ist, daß die Spannung der Batterie nur in den für das betr. Wählsystem zulässigen Grenzen schwankt. Da im allgemeinen diese Spannungsgrenzen eng sind, müssen besondere Anordnungen getroffen werden, die es ermöglichen, daß bei Einhaltung dieser Grenzen die Batterie möglichst voll geladen ist und mit nahezu vollem Arbeitsinhalt (Reserve) zur Verfügung steht. Bei der selbsttätigen Pufferung benutzt man eine Eigenschaft der Bleisammler, die darin besteht, daß ihre Ladespannung u. a. abhängig ist von der Größe des Ladestromes. Im Bild 12 ist gezeigt, wie die Ladekurve eines Großoberflächensammlers bei einem gleichbleibenden Ladestrom von etwa 45% der normalen Ladestrostärke verläuft. Es zeigt sich, daß bei einer Ladeendspannung von 2,7 V pro Zelle die Batterie voll aufgeladen ist bei einer Ladezeit von etwa 10 h. Dersebe Arbeitsinhalt wird bei herabgesetztem Ladestrom in entsprechend längerer Ladezeit erreicht, jedoch ist die Endspannung der vollgeladenen Zelle geringer. Im Bild 13 ist gezeigt, wie die Ladespannungen von der Größe des Ladestromes abhängig sind.

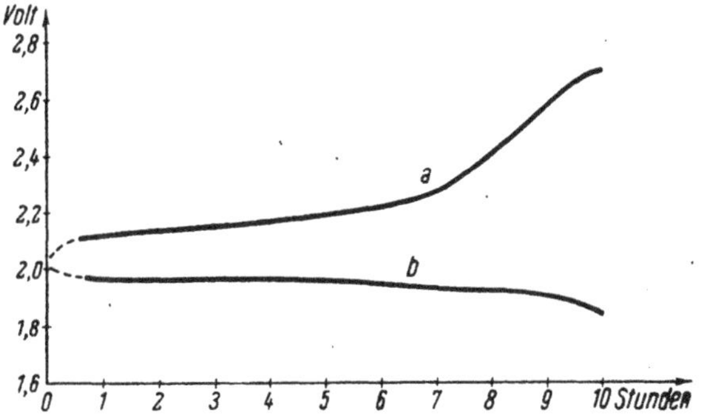

Bild 12. Verlauf der Lade- und Entladespannung einer Bleisammlerzelle mit positiven Großoberflächenplatten.

a = Ladung mit gleichbleibendem 10stündigem Strom (45 % des normalen Ladestromes); b = Entladung 10stündig.

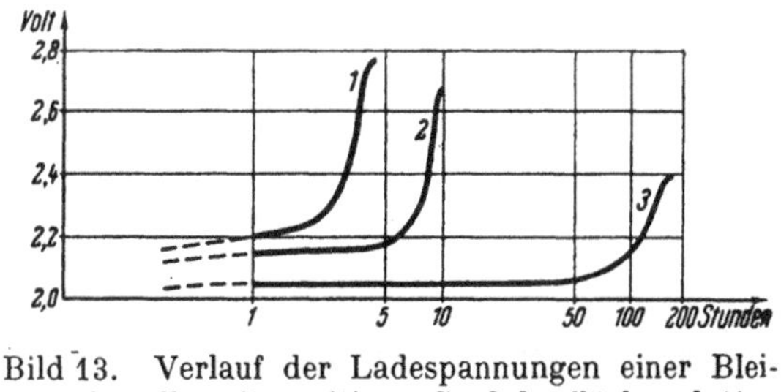

Bild 13. Verlauf der Ladespannungen einer Bleisammlerzelle mit positiven Großoberflächenplatten bei verschieden großen Ladestromstärken.

1 = 4,5 stündig. Ladestrom = 100 % des normal. Ladestromes
2 = 10   »   »   = 45 % »   »   »
3 = 160   »   »   = 2,8 % »   »   »

Der Zusammenhang zwischen Zellenspannung, Ladestrom und gespeicherter Arbeit ist in Bild 14 dargestellt. Diese wesentliche Eigenschaft des Sammlers ermöglicht im Pufferbetrieb zu arbeiten. Wenn nämlich die der Sammlerbatterie zugeführte Stromstärke gering ist im Verhältnis zum normalen Ladestrom, steigt die Spannung der Batterie nicht über eine bestimmte Grenze unter Erreichung des vollen Arbeitsinhalts, d. h. also, es ist möglich, bei Einbatteriebetrieb innerhalb der für den Betrieb einer Wählereinrichtung geforderten Spannungsgrenzen mit

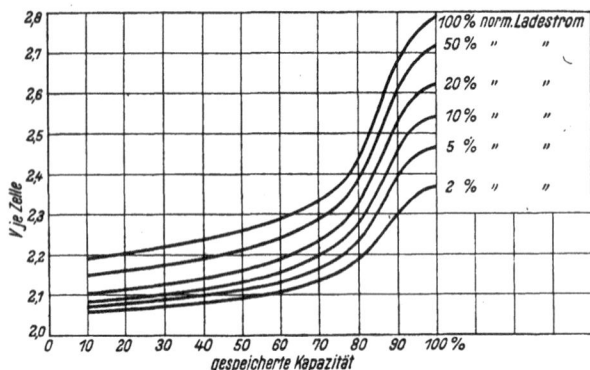

Bild 14. Zusammenhang zwischen Spannung, Ladestrom und gespeicherter Kapazität bei einer Bleisammlerzelle mit positiven Großoberflächenplatten.

nahezu voller Batterie zu arbeiten. Wie weiter unten in den Abschnitten über Stromerzeuger gezeigt wird, besitzen diese Einrichtungen für selbsttätigen Pufferbetrieb besondere Stromspannungskennlinien (Bild 36, S. 54, Kurve c). Die Stromstärke dieser Stromerzeuger fällt nach Erreichen der oberen Spannungsgrenze steil ab auf einen geringen Wert, der so bemessen sein muß, daß die Batteriespannung bei kleinster Stromentnahme durch die Wählanlage (Ruhestromverbrauch) unter der Einwirkung dieses Erhaltungsstromes zwischen 2,15 und 2,20 V je Zelle liegt. Auf diese Weise wird die Batterie auf vollem Arbeitsinhalt gehalten, ohne daß ihre Spannung steigt, und ohne daß ein Sulfatieren der Platten eintritt. Der Ladungserhaltungsstrom deckt die durch die natürliche Selbstentladung entstehenden Verluste. Als Anhalt für die Größe des der Batterie zugeführten Ladungserhaltungsstromes kann gesagt werden, daß er etwa 0,5 bis 1,0 % des für den betreffenden Sammler in Betracht kommenden zehnstündigen Entladestromes beträgt. Die Sammler kommen bei diesem Pufferverfahren niemals zum Gasen: ein wesentlicher Vorteil, da durch Gasen stets sowohl die Oberfläche als auch das Innere der Platten aufgelockert wird und Teilchen der wirksamen Masse mechanisch gelöst werden können und zu Boden fallen, wodurch die Speicherfähigkeit herabgesetzt wird.

Aus dem eben Dargelegten ist ersichtlich, daß für die Beurteilung des Ladezustandes einer Batterie im Pufferbetrieb die augenblickliche Spannung nicht in dem Maße maßgebend ist, wie bei reinem Lade- und Entladebetrieb. Der einfachste Anhalt für den Ladezustand einer Sammlerbatterie, die in dem oben gezeigten Pufferbetrieb arbeitet, ist die

Säuredichte: sie beträgt innerhalb der üblichen Grenzen etwa 1,16...1,20 für die entladene bzw. geladene Zelle bei 15⁰ C.

Wenn früher allgemein der Standpunkt vertreten wurde, daß jeder Sammler zu bestimmten Zeiten tief entladen und bis zur vollen Gasentwicklung wieder aufgeladen werden müßte (Sicherheitsladungen), um eine lange Lebensdauer zu erreichen, gehen die Erfahrungen in den letzten Jahren dahin, daß Bleisammler mit Großoberflächenplatten bei Dauerladung unter Anwendung von Ladungserhaltungsströmen in einwandfreiem Zustand gehalten werden und eine lange Lebensdauer haben.

Der innere Widerstand einer Sammlerzelle ist außerordentlich gering. Größenordnungsmäßig beträgt er für eine Zelle mit etwa 60 Ah[1]) in geladenem Zustand etwa $^1/_{1000}$ Ohm. Der Hauptanteil entfällt auf den Elektrolyten, so daß der Widerstand bei entladener Zelle größer ist.

Der Wirkungsgrad einer Bleisammlerzelle ist abhängig von der Betriebstemperatur, vom Zustand der Platten, von der Größe des Lade- und Entladestromes. Er beträgt in Ah etwa 90% bei Lade- und Entladebetrieb, d. h. es muß der Batterie eine etwa 10% größere Strommenge (Ah) zugeführt werden, als ihr entnommen wurde. Ist das Puffergerät der Belastung durch den Verbraucher so angepaßt, daß der Ladestrom genau dem Entladestrom mit einem zusätzlichen Ladungserhaltungsstrom entspricht, kann der Wirkungsgrad in Ah praktisch nahezu mit 100% angenommen werden, da nur der kleine Erhaltungsstrom als Verlust auftritt. Zwischen diesen beiden Wirkungsgradwerten liegen alle Werte, wie sie sowohl bei Schnelladung als auch bei den verschiedenen Arten des Pufferbetriebs vorkommen.

Der Wirkungsgrad in Wattstunden (Wh) ergibt sich aus dem Wirkungsgrad in Ah multipliziert mit dem Verhältnis der mittleren Entladespannung zur mittleren Ladespannung. Rechnet man bei reinem Lade- und Entladebetrieb mit 1,95 V als mittlerer Entladespannung, 2,25 V als mittlerer Ladespannung, ergibt sich ein Wirkungsgrad von etwa 77%. Dieser Wirkungsgrad steigt entsprechend mit abnehmender Lade- und Entladestromstärke. Bei der selbstregelnden Dauerladung z. B., wie sie zur Speisung von Fernsprechwählanlagen verwendet wird, beträgt die mittlere Entladespannung etwa 2,0 V, die mittlere Ladespannung etwa 2,15 V: Der Wirkungsgrad der Batterie in Wh ist demnach etwa 80...87%.

Die Lebensdauer einer Batterie wird bestimmt durch die Zahl der vollen Ladungen und Entladungen, die die Platten aushalten. Im allgemeinen wird diese Zahl mit 1000...1500 für positive Großoberflächenplatten (für negative Kastenplatten der 2...3fache Wert) angegeben, wenn die Batterie den Betriebsvorschriften entsprechend gewartet wird.

---

[1]) Die Ah-Angaben gelten für 10stündige Entladung.

Bei Pufferbetrieb, bei dem die Batterien zeitweilig gepuffert werden, ist die Zahl der vollen Ladungen und Entladungen in gleichen Zeitabschnitten geringer als bei Lade- und Entladebetrieb, so daß mit einer längeren Lebensdauer gerechnet werden kann. Auch für den Einbatteriebetrieb mit Stromerzeugern, die geeignete Kennlinien besitzen, gilt ähnliches. Hier kann nicht mehr von vollen Ladungen und Entladungen gesprochen werden. Die Beanspruchung der Platten durch die häufigen Teilladungen und -entladungen ist gering.

Bild 15   Zwei Bleisammlerbatterien je 60 V einer großen Wahlanlage

Nach langjähriger Betriebsdauer liegen folgende Erfahrungen vor:
Die Lebensdauer von Batterien im Lade-, Entlade- und Pufferbetrieb ist wesentlich größer als die von Batterien, die in reinem Lade- und Entladebetrieb stehen. Der Einbatteriebetrieb, mit dessen Einführung etwa im Jahre 1928 begonnen wurde, läßt noch keine endgültige Beurteilung der Lebensdauer zu: Sie ist aber jetzt schon so groß, wie die Lebensdauer von Batterien, die im Lade-, Entlade- und Pufferbetrieb arbeiten.

Ein Vergleich der Eigenschaften der Bleisammler und Stahlsammler findet sich auf S. 37.

Der Aufbau von Bleisammlerbatterien ist entsprechend ihren Verwendungszwecken und ihren Größen verschieden. Kleinere Sammlerbatterien in Glasgefäßen werden entweder ortsfest aufgestellt oder durch

Einsetzen einer bestimmten Zellenzahl in Holzkästen tragbar ausgebildet. Ortsfeste Batterien haben bis zu einer bestimmten Größe Glasgefäße; darüber hinaus werden sie mit Steinzeug-, Holz- oder Hartgummigefäßen (Rubellit) ausgeführt (Bild 15). Holzgefäße sind innen mit Bleiblech ausgeschlagen. Bei der Aufstellung der ortsfesten Batterien werden die einzelnen Platten an Ort und Stelle mit den Polleisten verlötet. Bei Batterien bis zu einer bestimmten Größe (1000 Ah) ist es möglich, die fertig verlöteten Plattensätze zu transportieren und an Ort und Stelle

Bild 16. Bleisammlerbatterie 24 V einer mittleren Wählanlage (Plattensätze verschraubt).

die Batterie durch Verschrauben der einzelnen Plattensätze zusammenzustellen (Bild 16).

Die Erfahrung hat gezeigt, daß bei Wählanlagen ohne weiteres Batterien im Pufferbetrieb (bis zu einer Größe von etwa 100 Ah) im Wählerraum unter Beachtung einiger Vorsichtsmaßregeln untergebracht werden können: Es müssen die Zellen oben vergossen oder abgedichtet sein, und die Lüftungsöffnung in der Abdeckung jeder Zelle muß mit einem besonderen Pfropf versehen sein, der es verhindert, daß Säuretröpfchen herausgeschleudert werden. Bei Pufferbetrieb gasen bekanntlich die Batterien weniger stark oder überhaupt nicht im Gegensatz zum Lade-Entladebetrieb. Desgleichen können alkalische Gegenzellen dort ohne nachteilige Wirkung auf die Wähleinrichtungen untergebracht werden. Große ortsfeste Batterien werden stets mit Glasplatten abgedeckt, die auf verschiedene Weise verhindern, daß Säurenebel auftreten. Für eine gute Entlüftung ist selbstverständlich immer Sorge zu tragen.

Batterieräume müssen besonders hergerichtet sein in bezug auf Tragfähigkeit des Fußbodens, säurefesten Belag desselben und säurefesten Anstrich der Wände und Decken, säurefeste Verlegung von Lichtleitungen, explosionsgeschützte Ausbildung von Lichtschaltern usw. Kleine ortsfeste Batterien, für deren Unterbringung keine besonderen Batterieräume zur Verfügung stehen, können in anderweitig verwendeten Räumen untergebracht werden, wobei unter den Zellen eine Wanne aus Dachpappe oder ähnlichen säurefesten Baustoffen hergestellt wird, für den Fall, daß ein Gefäß undicht wird. Schrankähnliche Verkleidungen von Sammleranordnungen müssen stets gute Lüftung haben.

Oft ist es infolge Ansteigens des Sprechverkehrs in Wählanlagen nötig, eine vorhandene Batterie zu vergrößern, d. h. ihre Kapazität zu erhöhen. Bei Zweibatteriebetrieb beschreitet man im allgemeinen den Weg, daß die beiden vorhandenen Batterien zu einer Batterie parallelgeschaltet werden und eine neue Batterie mit einer Kapazität wie die der zusammengeschalteten aufgestellt wird. Die beiden alten Batterien werden lediglich an der ersten und letzten Zelle verbunden. Man besitzt dann Batteriegruppen, in denen Zellen gleichen Alters vorhanden sind. Auch bei Anlagen, bei denen schon bei der Projektierung feststeht, daß später eine bestimmte Erweiterung notwendig sein wird, kann man so verfahren, daß man die Batteriekapazitäten für den Erstausbau bemißt; auch wird man die Gefäße der Batterien entsprechend diesen Kapazitäten wählen und nicht Gefäße anschaffen, die auch für die spätere Erweiterung genügen. Auch wird man die Aufstellung der Batterien so vornehmen, daß eine einfache Zusammenschaltung möglich ist. Sieht man dagegen bereits beim Erstausbau größere Gefäße vor, die für den Endausbau ausreichen, muß man bis zu dem Zeitpunkt der Erweiterung zur Vermeidung eines zu großen Säureraumes in den Zellen besondere Kästen unterbringen. Man kann sonst nicht die Säuredichte als Maß für den Ladezustand benutzen. Bei der späteren Vergrößerung der Kapazität muß dann ein großer Teil der Platten aus den Zellen ausgelötet und in anderen Zellen eingelötet werden, damit man nach der Erweiterung Zellen mit Platten gleichen Alters hat. Um die nötige Zellenzahl für eine Batteriegruppe zu erhalten, müssen zu den Zellen mit alten Platten noch einige Zellen mit neuen Platten hinzugefügt werden, so daß also in einer Batteriegruppe Zellen mit alten und neuen Platten vorhanden sind. Man wird also stets darauf achten müssen, die Batterien so zusammenzuschalten oder zu erweitern, daß in einer Batteriegruppe Zellen gleichen Alters vorhanden sind. Das erstgenannte Verfahren ist nicht teurer, wenn man bedenkt, daß bei dem Auslöten und Wiedereinlöten der Plattensätze einige Platten zu Bruch gehen.

Die Stromzuführungen zu den einzelnen Batterien werden bei großen Batterien aus Schienen hergestellt, die in die Polleisten der Endzellen mittels Polschuhen eingelötet oder eingegossen sind (Bild 15). Bei kleinen Batterien in Glasgefäßen kann eine Verschraubung stattfinden. Bei Verwendung getrennter Lade- und Entladeleitungen werden sowohl die Ladeleitungen als auch die Entladeleitungen an die Polleisten der Endzellen herangeführt. (Bild 15 und 16).

Als Baustoffe für die Stromzuführungen kommen Kupfer und Aluminium in Frage, wobei die Entladeleitungen für einen bestimmten geringen Spannungsabfall berechnet sein müssen (s. Abschnitt VII).

Die Sicherungen zum Schutze der Batterien und der Batterieleitungen werden möglichst in die Nähe der Batterien gesetzt. Bei kleinen und mittleren Batterien werden Sicherungen unmittelbar am Gestell, bei großen werden sie zweckmäßig an der Wanddurchführung der Lade- und Entladeleitungen untergebracht.

Der Platzbedarf einer Bleiakkumulatorenbatterie ist abhängig von der Zellenzahl und der Zellengröße (Kapazität), ferner jedoch von der Form der Platten (einige Zellentypen können mit Platten ausgerüstet werden, bei denen man bei gleicher Oberfläche Höhe oder Breite je nach Wunsch einer geringen Bodenfläche oder aber geringen Höhe wählen kann) und von der Art der Gefäße. Bei Verwendung von Steinzeug- oder mit Blei ausgelegten Holzkästen muß bei der Aufstellung der Batterien die Gangbreite so gewählt werden, daß die Auswechslung eines Gefäßes möglich ist, während man bei Verwendung von Hartgummigefäßen (Rubellit) davon absehen kann. Ferner ist die Anordnung der Zellen und Bedienungsgänge (normal 80 cm, wenigstens 60 cm) für die Aufstellung und damit für den Platzbedarf ausschlaggebend, so daß gültige Angaben über den Platzbedarf einer Batterie erst gemacht werden können, wenn alle genannten Einzelheiten geklärt sind. In Betracht ist ferner zu ziehen, daß stets genügend Platz vorhanden sein muß für Säure- und Wasserbehälter, Mischgefäße usw. Die günstigste Aufstellung erhält man im allgemeinen, wenn die Batteriereihen in Richtung der Längswand des Batterieraumes aufgestellt werden.

Der Platzbedarf einiger vollständiger Stromversorgungsanlagen und deren Batterieräume ist unter Abschnitt VII angegeben.

Batterien mit einer Kapazität bis etwa 200 Ah können übereinander in sog. Etagengestellen aufgestellt werden, eine Aufstellung, die einen geringen Platzbedarf hat.

Im folgenden wird zur überschlägigen Berechnung von Batterieräumen der Platzbedarf für verschiedene Zellengrößen einschließlich der notwendigen Bedienungsgänge usw. angegeben.

Kapazität in Ah	Bodenfläche einer Zelle in m²	
	(Bodengestell)	(Etagengestell)
16	0,086	0,048
32	0,110	0,060
72	0,132	0,083
108	0,157	0,098
180	0,233	0,140
288	0,216	—
360	0,230	—
504	0,255	—
648	0,416	—
864	0,455	—
1152	0,525	—
1512	0,585	—

b) Stahlsammler

Diese Sammler, auch alkalische Sammler genannt, sind in den letzten Jahren neben dem Bleisammler in Erscheinung getreten. Die Hauptformen sind: Nickel - Eisen - Sammler und Nickel - Kadmium-

Bild 17.
Nickel-Kadmium-Sammlerzelle
(Schnitt).

Bild 18. Platte einer Nickel-Kadmium-
Zelle (Ansicht).
(Positive und negative Platten sind äußerlich
gleich.)

Sammler. Aufbaustoffe der Zellen (Bild 17) bei beiden Arten ist vernickelter Stahl für die Gefäße, die Plattenrahmen, Massebehälter (Bild 18), Polbolzen und Muttern. Für die Isolationsteile wird besonders behandelter Hartgummi verwendet. Die wirksame Masse der positiven

Platten besteht aus Nik-
kelhydroxydul, die der
negativen Platten bei den
Nickel-Kadmium-Samm-
lern aus Kadmiumhydro-
xyd, bei den Nickel-Eisen-
Sammlern aus Eisenhy-
droxydul. Der Elektrolyt
ist in beiden Fällen Kalilauge mit einer Dichte
von 1,2 bei 20⁰ C. Die
Spannungskennlinien die-
ser Zellen sind von denen
der Bleisammler insofern
verschieden, als die Lade-
und Entladekurven stei-
ler verlaufen. Die Nickel-
Kadmium-Zelle besitzt
diesen Nachteil in gerin-
gerem Maße, so daß für
die vorliegenden Zwecke
hauptsächlich nur sie in
besonderen Ausführun-
gen als Ersatz für Blei-
zellen in Frage kommt.
Die Lade- und Entlade-
kurve einer Nickel-Eisen-
Zelle ist in Bild 19, die
einer Nickel-Kadmium-
Zelle in Bild 20 darge-
stellt. Die mittlere Ent-
ladespannung einer Nik-
kel-Kadmium-Zelle be-
trägt etwa 1,25 V. In-
folgedessen muß bei Ver-
wendung von Nickel-
Kadmium-Zellen an Stel-
le von Bleizellen etwa die
1,5...1,6fache Zellenzahl
aufgestellt werden, um
ähnliche Spannungsgren-

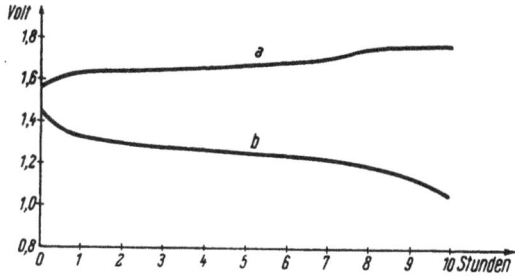

Bild 19. Verlauf der Lade- und Entladespannung
einer Nickel-Eisen-Sammlerzelle.
a = Ladung mit gleichbleibendem 10stündigem Strom
b = Entladung entsprechend.

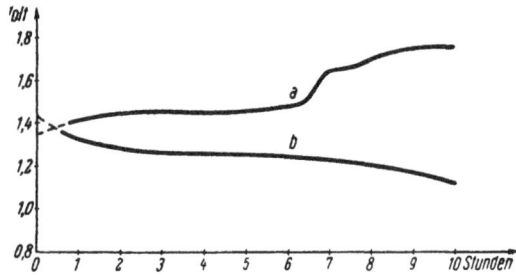

Bild 20. Verlauf der Lade- und Entladespannung
einer Nickel-Kadmium-Sammlerzelle.
a = Ladung mit gleichbleibendem 10stündigem Strom
b = Entladung entsprechend

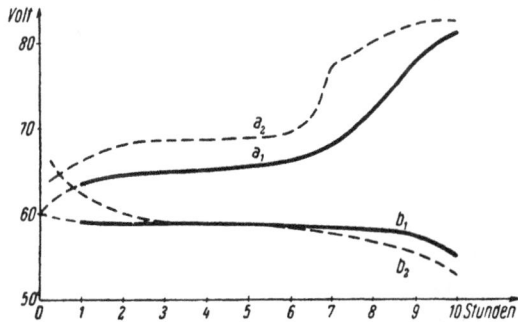

Bild 21. Verlauf der Lade- und Entladespannung
einer 30zelligen Bleisammlerbatterie (a_1, b_1) und
einer 47zelligen Nickel-Kadmium-Batterie (a_2, b_2).
a_1, a_2 = Ladung mit gleichbleibendem 10stündigem Strom
b_1, b_2 = Entladung entsprechend

zen einhalten zu können. Bei 60 V-Systemen werden etwa 47 Zellen,
bei 24 V-Systemen etwa 19 Zellen eingesetzt. Wie sich bei 60 V-Batterien die Lade- und Entladekennlinien von Blei und Nickel-Kadmium-

3*

Sammlern verhalten, zeigt Bild 21: Die Entladespannungen verlaufen etwa in gleicher Höhe, während die Ladespannung der Nickel-Kadmium-Batterie wesentlich über der der Bleibatterie liegt. Die Zellenzahl von 47 muß gewählt werden, um bei der Entladung nicht unter die zulässigen Spannungsgrenzen zu sinken. Die erhöhte Ladespannung läßt sich durch besondere Mittel, wie Gegenzellen, die sowohl im Zwei- als auch im Einbatteriebetrieb in der Entladeleitung ein- oder ausgeschaltet werden, mindern.

Stahlbatterien werden in hölzerne Zellenträger eingesetzt und in Einheiten zusammengeschaltet. Die Aufstellung dieser Sammler ist überall zulässig. Jedoch muß bei Aufstellung auch dieser Batterien auf eine gute Belüftung geachtet werden, z. B. bei Unterbringung in schrankähnlichen Verschlägen.

Der besondere Vorteil der Nickel-Kadmium-Sammler liegt darin, daß sie geringerer Pflege bedürfen als Bleisammler. Eine Überladung oder eine zu starke Entladung schadet nicht; auch ein längeres Stehenlassen im geladenen Zustand über einen Zeitraum von 6 Monaten oder länger wirkt sich nicht schädlich aus. Auch die Selbstentladung ist verhältnismäßig gering, so daß eine Batterie nach einer solchen Zeit noch mit etwa $3/4$ ihrer Nennkapazität zur Verfügung steht. Auch die Verdunstung ist infolge der geschlossenen Bauart gering, so daß ein Nachfüllen von destilliertem Wasser selten vorzunehmen ist. Gegen Erschütterungen sind diese Sammler unempfindlich, so daß ihr Einsatz dort besonders gerechtfertigt ist, wo es sich um tragbare oder fahrbare Einrichtungen handelt. Günstig sind ferner die Gewichtsverhältnisse (allen Vergleichen hier liegen Bleibatterien mit positiven Großoberflächenplatten zugrunde): Bei gleicher Kapazität und Spannung haben die Nickel-Kadmium-Batterien etwa $1/2...1/3$ Gewicht der Bleibatterien; die Grundfläche beträgt nur etwa $1/2$ der Grundfläche von Bleibatterien. Der Anschaffungspreis unter den gleichen Bedingungen ist jedoch etwa 2...2,5fach höher. Auch ist der Wirkungsgrad niedriger : der Wirkungsgrad in Ah beträgt etwa 72%, in Wh etwa 58%. Auch bei diesem Sammler verbessert sich der Wirkungsgrad mit abnehmenden Lade- und Entladeströmen, allerdings nicht in dem Maße wie bei dem Bleisammler.

Der innere Widerstand von Nickel-Kadmium-Zellen in besonderer Ausführung ist etwa so groß, wie der von Bleizellen bei gleicher Kapazität (bei üblicher Ausführung etwa 2,5...3mal so groß). Es ist jedoch zu berücksichtigen, daß bei gleicher Spannung einer Batterie die Zellenzahl bei Verwendung von Nickel-Kadmium-Sammlern etwa 1,5mal größer ist als bei Verwendung von Bleisammlern.

Die folgende Zusammenstellung zeigt die besonderen Eigenschaften von Bleisammlern und Nickel-Kadmium-Sammlern im Vergleich. Es sind ortsfeste Bleisammler mit positiven Großoberflächenplatten und Nickel-Kadmium-Sammler mit Taschenplatten und besonders niedrigem innerem Widerstand verglichen, wie sie für die Verwendung als Sammler für Fernsprechwähleinrichtungen in Frage kommen.

Sammler	Blei	Nickel-Kadmium
Kapazität bei Entladung 10-stundig $\%$	100	100
» » » 5 » $\%$ etwa	86	96
» » » 3 » $\%$ » . .	75	92
mittlere Entladespannung in V etwa	2,0	1,25
Gesamt-Zellengewicht bei gleicher Kapazität etwa .	4	1
Gesamt-Batterie-Gewicht bei gleicher Kapazität und Spannung etwa	3	1
Grundfläche je Zelle bei gleicher Kapazität etwa	4	1
Grundfläche je Batterie bei gleicher Kapazität und Spannung etwa	2	1
Anschaffungskosten je Zelle bei gleicher Kapazität etwa	1	1,4
» » Batterie bei gleicher Kapazität und Spannung etwa	1	2,2
Wirkungsgrad in Ah etwa } siehe Text	90	72
» » Wh . » }	77	58

III. Lade- und Puffereinrichtungen

1. Regelmittel und -anordnungen

Entsprechend den in den vorangegangenen Abschnitten behandelten Betriebsarten ist es die Aufgabe von Regelmitteln und Regelanordnungen, selbsttätig derartige Stromspannungskennlinien von Gleichstromerzeugern zu bewirken, daß ein allen Anforderungen genügender Betrieb gewährleistet wird.

Die im folgenden aufgeführten Regelmittel und -anordnungen werden zunächst nur in ihrem Aufbau und ihrer Wirkungsweise behandelt. Sie können nach den jeweiligen Forderungen die verschiedenen Gleichstromerzeuger regeln. Bei der Betrachtung letzterer werden die heute üblichen Verbindungen mit den Regeleinrichtungen eingehend behandelt.

Die Zahl der Mittel und der Vorschläge ist außerordentlich groß; erwähnt werden nur die, die heute in der Praxis Eingang gefunden haben.

Die Regelung der Gleichstromerzeuger kann auf folgende Arten geschehen in Abhängigkeit von:

a) der Verbraucher-(Batterie-)spannung,
b) dem vom Gleichstromerzeuger gelieferten Gleichstrom,
c) dem Verbraucherstrom,
.d) der Differenz beider.

Es stehen folgende Regelmittel und -anordnungen zur Verfügung:

a) Regelmittel mit Kontakten,
b) Regelanordnungen ohne Kontakte.

a) Regelmittel mit Kontakten

Pöhlerschalter

Er besteht im wesentlichen (Bild 22) aus einem Relais, das bei einer bestimmten Spannung anspricht und ein Uhrwerk in Gang setzt[1]). Nach einer bestimmten (einstellbaren) Zeit löst das Uhrwerk einen Schalter aus, der z. B. den Ladestromkreis einer Batterie unterbricht.

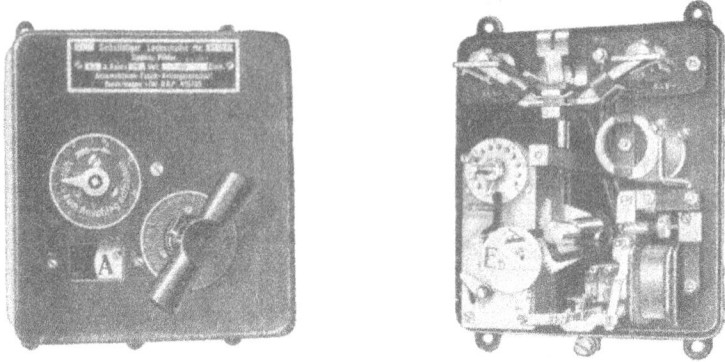

Bild 22. Pöhlerschalter geschlossen (Betriebszustand) und geöffnet.

Zweckmäßig wird die Ansprechspannung des Relais auf etwa 2,4 V je Zelle eingestellt; das ist der Punkt in der Ladekennlinie einer Bleisammlerzelle, bei dem die Ladespannung (Gasspannung) schnell ansteigt (Bild 12), und der infolgedessen sicher zu erfassen ist. Die Ladung wird von diesem Punkt ab noch über eine bestimmte durch Erfahrung ermittelte Zeit fortgesetzt: Bei einem Ladevorgang braucht eine Zelle von etwa 2,4 V ab stets die fast genau gleiche Ah-Zahl bis zur Volladung, unabhängig von ihrem Entladezustand bei Beginn der Ladung. Das Ende der Ladung einer Zelle ist mit einer spannungsabhängigen einfachen Schalteinrichtung infolge des dort flachen Verlaufs der Ladekennlinie schwierig zu erfassen.

Der Pöhlerschalter wird vielfach dort verwendet, wo eine selbsttätige Ladung von Batterien mit Maschinen, Gleichrichtern oder Gleichstromnetzen gefordert ist. Die Ladung wird durch Einschalten des Pöhlerschalters, womit ein gleichzeitiges Aufziehen des Uhrwerks verbunden ist, begonnen. Das Verfahren ist besonders dort am Platze, wo z. B. billiger Nachtstrom zur Verfügung steht.

Kontakt-Meßinstrumente

Diese Einrichtungen bestehen in ihrer einfachsten Form aus Meßinstrumenten, bei denen der Zeiger so ausgebildet ist, daß er bei bestimmten einstellbaren Werten der zu beeinflussenden Größe entweder selbst

---

[1]) DRP. 415705.

Kontakt mit einem Gegenkontakt gibt oder einen Kontakt schließt. Meistens werden Spannungsmesser derart angewendet, daß sie in Abhängigkeit von der Batteriespannung über geeignete Schaltmittel Widerstände im Ladestromkreis bei Erreichen einer oberen oder unteren Spannungsgrenze ein- oder ausschalten (Bild 48, S. 61). Auch Gegenzellen werden oft in Abhängigkeit von der Amtsspannung mittels derartiger Einrichtungen in der Entladeleitung geschaltet.

Die Schwierigkeiten, die sich aus den meist geringen Drehmomenten (Kontaktdrücken) und geringen Zeigerwegen (Kontaktwegen) ergaben, haben zu der Entwicklung verschiedener Anordnungen geführt. Bei einer Ausführung nach DRP. 551 443 wird der Kontaktdruck des Zeigerkontaktes derart erhöht, daß ein mit dem Kontaktvoltmeter in Reihe liegender Widerstand bei Schließen des Kontaktes bei der oberen Spannungsgrenze kurzgeschlossen wird; die an dem Voltmeter dadurch auftretende erhöhte Spannung erwirkt eine Erhöhung des Drehmomentes und damit des Kontaktdrucks. Gleichzeitig wird damit eine erwünschte Verschiebung der unteren Ansprechgrenze der Einrichtung erreicht, indem der

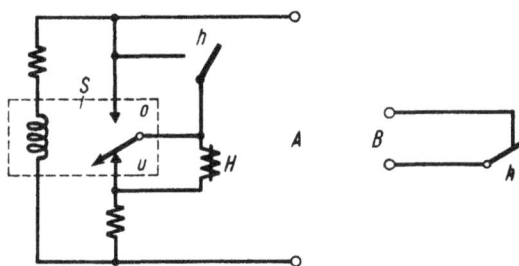

Bild 23. Spannungsabhängige Schalteinrichtung mit Kontaktinstrument.

A = zu regelnde Spannung   S = Kontaktvoltmeter
B = Gegenzellen o. a.   H = Hilfsrelais.

Kontakt nun erst öffnet, wenn die untere Spannungsgrenze erreicht ist. Auf diese Weise ist ein Kontakt, der bei der unteren Spannungsgrenze betätigt wird, erspart. Die Einrichtung steuert über Relais oder Schütze Widerstände in Ladeleitungen oder Gegenzellen in Entladeleitungen.

Eine ähnliche Einrichtung besteht aus einem Drehspul-Kontaktvoltmeter mit einem Hilfsrelais. Bei Erreichen des oberen Spannungsgrenzwertes schaltet der Zeigerkontakt das Hilfsrelais ein (Bild 23), dessen einer Kontakt den Zeigerkontakt überbrückt und diesen entlastet. Das Hilfsrelais wird dadurch gehalten und unterbricht über geeignete Schaltmittel z. B. einen Kurzschluß von Gegenzellen oder Widerständen. Bei Erreichen der unteren Spannungsgrenze schließt der Zeigerkontakt das Hilfsrelais kurz; durch dessen Abfall werden die Gegenzellen o. ä. wieder kurzgeschlossen.

Relais

Für die Forderungen des Anzugs und Abfalls bei zwei Spannungswerten sind neben Spezialrelais auch die in der Wähltechnik üblichen

Relais, zum Teil in besonderen Anordnungen und mit besonderen Zusätzen, gebräuchlich. In Bild 24 ist die Schaltung einer Anordnung mit 2 Relais dargestellt, bei der das Relais M z. B. bei 66 V anspricht und X-Relais zum Abfall bringt. Durch Öffnen des x-Kontaktes wird M ein Widerstand vorgeschaltet, dessen Wert so bemessen ist, daß das Relais M nur noch von einem Haltestrom durchflossen wird, der bei Absinken der Spannung z. B. auf 58 V so gering ist, daß das Relais abfällt. X-Relais spricht wieder an und schließt den Vorwiderstand kurz, so daß für M-Relais nunmehr wieder die Anzugsbedingungen hergestellt sind. Die Ausführung zeigt Bild 47.

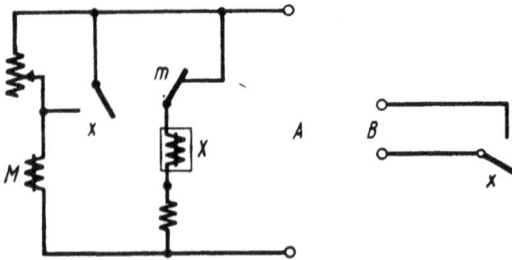

Bild 24. Spannungsabhängige Schalteinrichtung mit Relais.

A = zu regelnde Spannung M = spannungsempfindliches
B = Gegenzellen o. a.   X = Hilfsrelais.   (Relais.

Eine Anordnung, die dieselben Bedingungen erfüllt, ist in Bild 25 dargestellt, bei der ein in der Wähltechnik gebräuchliches Relais durch Verbindung mit einer Eisenwasserstoffröhre (EW) erhöht spannungsempfindlich gemacht ist (Bild 26). Die sich ändernde Spannung tritt mit ihrer gesamten Änderung an der EW-Röhre auf: Bei einer bestimmten oberen Spannungsgrenze spricht Relais A mit der Wicklung a' an und bringt mit den Relais B, C das Relais D zum Ansprechen, das nun mit seinen Kontakten d_1 und d_2 entspre-

Bild 25. Spannungsabhangige Schalteinrichtung mit Eisenwasserstoffröhre (geoffnet).

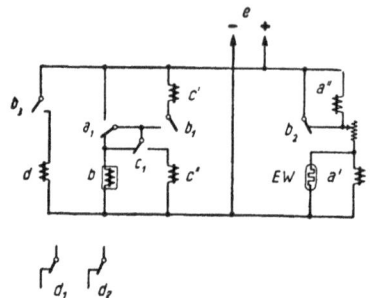

Bild 26.
Spannungsabhangige Schalteinrichtung mit Eisenwasserstoffröhre.
Bezeichnungen siehe Text.

chende Schaltungen vornimmt. Durch Wicklung a'' wird das Relais A gegenmagnetisiert und abgeworfen. Bei der unteren Spannungsgrenze spricht Relais A mit der Wicklung a'' an, deren Magnetisierung gegenüber Wicklung a' überwiegt, da die EW-Röhre auf gleichbleibenden Strom regelt und Wicklung a' infolgedessen geringere Spannung erhält. Die Relais B, C, D fallen wieder ab, desgleichen Relais A durch Kurzschluß von a''.

Die eben aufgeführten Spannungsrelais regeln nur in einer Stufe, d. h. ein durch sie gesteuerter Pufferstrom wird je nach der Batteriespannung auf einen hohen oder niedrigen Betrag eingestellt (durch Ein- oder Ausschalten von Widerständen). Ein früher verwendetes Verfahren, den Pufferstrom möglichst dem Entladestrom anzupassen, bestand darin, daß mehrere Relais vom Entladestrom durchflossen wurden. Die Ansprechwerte dieser Relais waren verschieden. Entsprechend den Ansprechstromwerten der einzelnen Relais wurden in der Ladeleitung Widerstände kurzgeschlossen, so daß ein dem Entladestrom in Stufen angeglichener Pufferstrom floß. Auf diese Weise konnte er z. B. in 3 Stufen dem Amtsverbrauch annähernd angepaßt werden.

Amperestundenzähler

Amperestundenzähler ermöglichen, die einer Batterie zugeführte oder entnommene Amperestundenzahl festzustellen und entsprechend die Ladung aus- oder einzuschalten. Es ist sowohl reiner Ladebetrieb möglich, wenn lediglich die einer Batterie zugeführten Amperestunden gezählt werden, als auch Pufferbetrieb, wenn mit 2 Ah-Zählern die Ladung und Entladung überwacht wird. In Deutschland hat sich der Amperestundenzähler als regelndes Glied nicht durchgesetzt, weil bei Ladung die der Batterie zuzuführende Amperestundenzahl von dem stets verschiedenen Ladezustand (Arbeitsinhalt) bei Beginn der Ladung abhängig und infolgedessen bei jeder Ladung verschieden ist. Auch für Pufferung hat der Amperestundenzähler keine Bedeutung erlangt, da der stets wechselnde Wirkungsgrad der Batterien (S. 29) nicht berücksichtigt wird. Im Ausland werden Puffereinrichtungen mit Spezial-Amperestundenzählern betrieben. Anwendung kann der Amperestundenzähler bei Ladung und Pufferung mit Maschinen, Gleichrichtern und Gleichstromnetzen finden.

Wälzregler

Diese in Bild 27 dargestellte Einrichtung schaltet in Abhängigkeit von einer zu regelnden Spannung oder einem zu regelnden Strom Widerstände. Die Regelung geschieht derart, daß die zu regelnde Größe magnetisch ein Hebelwerk betätigt, das ein Kreissegment mit einem ähnlichen feststehenden Segment mehr oder weniger durch Abrollen zur Deckung bringt. Das Kreissegment überbrückt die Lamellen (Kontakte) des zweiten, kollektorähnlich unterteilten Segmentes und schließt die zwischen den einzelnen Lamellen liegenden Widerstände kurz. Diese Widerstände liegen z. B. im Erregerkreis eines Gleichstromgenerators.

Der erhebliche Aufwand dieser Einrichtung gestattet den Einsatz nur in großen Anlagen, wo meist bei Pufferbetrieb in Abhängigkeit von der Batteriespannung die Erregung von Generatoren so geregelt wird, daß die Batteriespannung in den geforderten Grenzen bleibt. Für die vorliegenden Zwecke hat der Wälzregler in Deutschland keinen Eingang gefunden.

Bild 27. Walzregler.

Bild 28. Kohledruckregler (geoffnet).

Eine ähnliche Regelanordnung stellt der Kohledruckregler (Bild 28) dar, der zwar kontaktlos arbeitet, jedoch wegen seiner großen Ähnlichkeit mit dem Wälzregler hier erwähnt werden muß. Die zu regelnde Größe erzeugt, ebenfalls magnetisch über ein Hebelwerk, eine bestimmte Pressung von aufeinander geschichteten Kohlescheiben, deren Widerstand mit dem Druck abnimmt, so daß Steuerstromkreise von gittergesteuerten Quecksilberdampfgleichrichtern o. ä. durch diese Widerstandsveränderungen beeinflußt werden können.

Stufentransformator und Stufenschalter

Der Vollständigkeit halber sei die Möglichkeit, einen Gleichrichter mit Stufentransformator und Stufenschalter zu regeln, erwähnt. Diese Einrichtungen werden dort angewendet, wo eine von Hand bediente wirtschaftliche Regelung des Ladestromes für Ladung oder Pufferung von Batterien erwünscht ist. Für den selbsttätigen Pufferbetrieb wird der Stufenschalter durch einen Hilfsmotor angetrieben, dessen Umlauf-

richtung und -zeit von einem der vorgenannten Regelmittel (Kontaktinstrument oder Relais) bestimmt wird.

Bei der Gittersteuerung von Quecksilberdampfgleichrichtern gibt
es unter anderen auch Regelanordnungen mit Kontakten. Auf sie wird
aus Zweckmäßigkeitsgründen im folgenden Abschnitt auf S. 47 und bei
Behandlung der Quecksilberdampfgleichrichter (S. 62) eingegangen.

b) Regelanordnungen ohne Kontakte

Während die unter a) aufgeführten Regelmittel mit Kontakten im
allgemeinen bei verschiedenen Gleichstromerzeugern zur Regelung eingesetzt werden können, ist im wesentlichen das Anwendungsgebiet der
im folgenden angeführten Regelanordnungen ohne Kontakte auf Gleichrichter beschränkt. Das Bedürfnis nach Gleichrichtern, die einen sebst-
tätigen Pufferbetrieb auf Grund ganz bestimmter Kennlinien ermöglichen, hat vielfach erst die Entwicklung derartiger Regelanordnungen
hervorgerufen, die auf die Eigenschaften bestimmter Gleichrichter (Trok-
kengleichrichter, Quecksilberdampfgleichrichter) abgestimmt sind.

Gleichrichter mit derartigen Kennlinien ermöglichen Pufferbetrieb
innerhalb vorgeschriebener Batteriespannungsgrenzen, wobei gleichzeitig die Forderungen nach möglichst hohem Batteriefüllungsgrad, entsprechend bemessenem Ladungserhaltungsstrom und möglichst langer
Lebensdauer der Batterie erfüllt werden.

Während bei Gleichrichtern geringer Leistung sich bereits durch
bestimmte Bemessung der Bauteile eine gewünschte Stromspannungskennlinie, ähnlich der im Bild 36 Kurve b dargestellten, wirtschaftlich
erzielen läßt, werden bei größeren Geräten (über etwa 3 A bei 24 oder
60 V) besondere Regelmittel zur Erzeugung von Stromspannungskennlinien mit mehr oder weniger stetigem Verlauf (Kurve c) angewendet.
Eingeführt wurden solche Kennlinien (Kippkennlinien) durch Anwendung von gleichstromvormagnetisierten Drosseln. Durch diese Kennlinien werden die obengenannten Forderungen ideal erfüllt.

Bei Pufferstromstärken über etwa 100 A wird bei Quecksilberdampfgleichrichtern die Gittersteuerung angewendet.

Die im folgenden beschriebenen Regelanordnungen zeichnen sich
dadurch aus, daß sie infolge Fehlens irgendwelcher Kontakte keinem
Verschleiß unterliegen.

Bestimmte Bemessung der Bauteile eines Gleichstromerzeugers

Diese einfache Ausführung[1] findet Anwendung z. B. bei kleinen
und kleinsten Trockengleichrichtergeräten: Je geringer der innere Wider-

---

[1] DRP. 553793.

stand eines derartigen Gerätes ist, desto steiler ist die Stromspannungskennlinie. Die Geräte bestehen lediglich aus Transformatoren, Gleichrichtersäulen und Glättungsdrosseln. Bild 41 zeigt ein Trockengleichrichtergerät für Dauerladung von kleinen Sammlerbatterien. Unter
Umständen werden die Kennlinien dieser Geräte (Kurve *b*, Bild 36) durch
zusätzliche ohmsche Widerstände den Anforderungen entsprechend abgeflacht. Bei größeren Gleichrichtern werden induktive Widerstände
(Streu-Transformatoren oder Drosseln im Wechselstromkreis) vorgesehen,
so daß lediglich Eisen- und Kupferverluste auftreten.

Gleichstromvormagnetisierte Drossel (Regeldrossel)

Das Bedürfnis, den von Gleichrichtern abgegebenen Pufferstrom
in seiner Größe möglichst genau dem Verbraucherstrom unter Erfüllung
obengenannter Forderungen anzupassen, führte zur Entwicklung von
Gleichrichtern mit Kippkennlinien durch Verwendung von gleichstromvormagnetisierten Drosseln[1]). Diese bestehen im allgemeinen aus Eisendrosseln mit 2 Wicklungen, von denen die eine (Gleichstromwicklung)
vom Verbrauchergleichstrom, die andere (Wechselstromwicklung) vom
Wechselstrom der Primär- oder Sekundärseite des Transformators durchflossen wird: Bild 29 zeigt die Schaltanordnung und das Ersatzschaltbild.

Die Eigenschaft der gleichstromvormagnetisierten Regeldrossel besteht bekanntlich darin, daß ihre Induktivität mit zunehmender Vor-

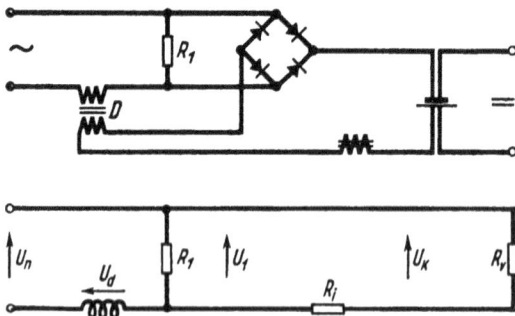

Bild 29. Regelanordnung mit gleichstromvormagnetisierter Drossel bei einem Trockengleichrichter und Ersatzschaltbild.

D = gleichstromvormagnetisierte Drossel

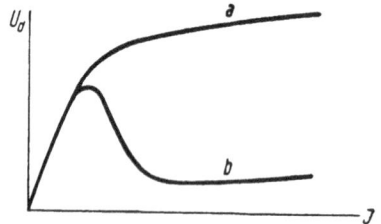

Bild 30.
Kennlinien einer Eisendrossel.
a = ohne Vormagnetisierung
b = mit Vormagnetisierung entsprechend Bild 29.

magnetisierung kleiner wird. Wird eine derartige Drossel, wie in Bild 29
dargestellt, wechselstromseitig von einem Strom durchflossen, der sich
aus einem annähernd konstanten Strom (bewirkt durch den Widerstand
R_1) und einem veränderlichen Strom zusammensetzt, der dem die zweite

---

[1]) DRP. 644 134.

Wicklung durchfließenden Gleichstrom verhältnisgleich ist, dann stellt sich an der Drossel eine Wechselspannung U_d ein, wie sie in Bild 30, Kennlinie b, dargestellt ist. Die Gesamtanordnung ist so abgestimmt, daß sich eine nutzbare Klemmenspannung U_k in Abhängigkeit vom Belastungsstrom ergibt, wie sie die Kurve M, N, P, O, S, T in Bild 32 zeigt.

Sie entsteht angenähert als große Kathete (Bild 31) des rechtwinkligen Dreiecks A, B, C, dessen kleine Kathete die Drosselspannung und dessen Hypotenuse die vom Wechselstromnetz gelieferte Spannung bildet, wobei die Drosselspannung in Abhängigkeit vom Belastungsstrom Werte der Kurve b aus Bild 30 annimmt. In Bild 32 sind als Gerade X_2 und X_3 zwei Kennlinien einer zu puffernden Batterie bei niedrigem und hohem Ladezustand eingezeichnet. Diese Geraden haben mit der Klemmenspannungskennlinie des Gerätes die Schnittpunkte N, O und P, S. Mit steigender Batteriespannung infolge geringer Belastung durch einen Verbraucher

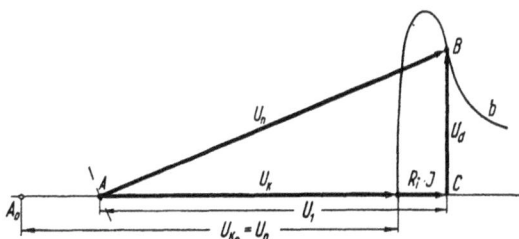

Bild 31 Spannungsverhältnisse einer Gleichrichteranordnung mit gleichstromvormagnetisierter Drossel.
(Vektorbild der Anordnung Bild 29.)

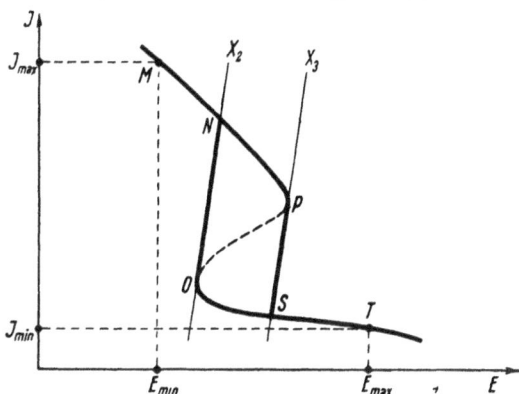

Bild 32. Stromspannungskennlinie einer Gleichrichteranordnung mit gleichstromvormagnetisierter Drossel.

wird der vom Gerät abgegebene Gleichstrom die Werte M, N, P, S, T, bei fallender Spannung infolge größerer Belastung die Werte T, S, O, N, M durchlaufen.

Zusammengefaßt sind die Zusammenhänge folgende: Bei steigender Batteriespannung geht der abgegebene Gleichstrom zurück, die Induktivität der Drossel wächst, wodurch die Verbraucherspannung am Transformator gemindert wird. Der Gleichstrom fällt infolgedessen weiter ab bis zu einem Gleichgewichtszustand. Der Vorgang verläuft umgekehrt bei abfallender Batteriespannung, wobei eine Schleife bestimmter Größe zwischen dem steigenden und fallenden Ast durch Bemessung der einzelnen Bauteile erreicht wird. Es wird also stets ein der Belastung der Batterie angepaßter Gleichstrom geliefert, der der Batterie einen Erhaltungsstrom zuführt, wobei bestimmte enge Spannungsgrenzen eingehalten werden.

Die gleichstromvormagnetisierte Drossel besteht aus einem Mantel- oder Kern-Transformator, der aus wirtschaftlichen Gründen neben der Gleichstromwicklung meist nur eine Wechselstromwicklung trägt. Auf die Gleichstromwicklung wird eine Wechselspannung mit z. B. 50 Hz Netzfrequenz übertragen, deren Störeinfluß auf das Fernsprechsystem jedoch infolge der niedrigen Frequenz gering ist. Allgemein müssen Glättungsdrosseln in Geräten mit gleichstromvormagnetisierten Drosseln im Gleichstromkreis vorgesehen werden, um u. a. die eben genannten und die durch die Gleichrichtung entstehenden Frequenzen auf ein zulässiges Maß zu dämpfen. Die eben erwähnte Überlagerung der Wechselstromseite auf die Gleichstromseite läßt sich vermeiden, z. B. durch Verwendung von dreischenkeligen Regeldrosseln, bei denen die Gleichstromwicklung auf dem Mittelschenkel, die Wechselstromwicklung in 2 Teilen auf den äußeren Schenkeln mit entgegengesetztem Wicklungssinn oder umgekehrt die Wechselstromwicklung auf dem Mittelschenkel usw. untergebracht sind.

Netzspannungsschwankungen übertragen sich etwa proportional auf die Gleichspannungsseite. Sie werden jedoch praktisch durch die Trägheit der Pufferbatterien ausgeglichen und wirken sich nicht schädlich aus, wenn das Gerät der mittleren Netzspannungslage angepaßt ist.

Für Dreiphasenbetrieb wird mit 3 einzelnen gleichstromvormagnetisierten Drosseln ·die geschilderte Anordnung hergestellt.

Erwähnt sei, daß die gleichstromvormagnetisierte Drossel sich ferner mit gutem Erfolg einsetzen läßt bei Gleichrichtergeräten mit Handregelung, wobei die Vormagnetisierung durch Veränderung eines Widerstandes eingestellt wird. Auf diese Weise können Anordnungen, wie Stufenschalter und Stufentransformatoren, vermieden werden.

Verwendet werden gleichstromvormagnetisierte Regeldrosseln bei Trocken- und Quecksilberdampfgleichrichtern (S. 59 und 63).

Resonanzdrossel

Die Anordnung[1]) besteht im wesentlichen aus einem Stromresonanzkreis (Eisendrossel mit parallel geschaltetem Kondensator), der z. B. bei Trockengleichrichtergeräten zwischen Transformator und Gleichrichtersäulen geschaltet ist (Bild 33). Die gesamte Anordnung ist so abgestimmt, daß bei der oberen Batteriespannungsgrenze (Leerlauf des Gerätes) der Schwingungskreis sich in Resonanz befindet, d. h. er verhält sich ähnlich wie ein ohmscher Widerstand. Es wird infolgedessen

---

[1]) DRP. 631173.

lediglich ein kleiner Rest-
strom (Ladungserhal-
tungsstrom) geliefert. Bei
Abfallen der Batterie-
spannung und Ansteigen
des Lade- oder Puffer-
stromes tritt ein Verstim-
men des Schwingungs-
kreises ein, wobei die an

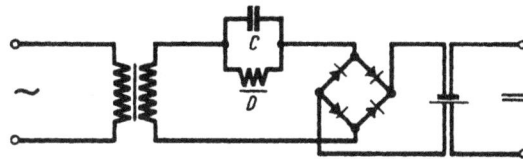

Bild 33. Regelanordnung mit Resonanzkippdrossel.
C = Kondensator   D = Drossel.

den Gleichrichtersäulen auftretende Spannung größer wird. Es tritt
unter Umständen ein sprunghaftes Anwachsen des abgegebenen Gleich-
stroms ein. Bei ansteigender Batteriespannung verläuft der Vorgang
umgekehrt.

Die Stromspannungskennlinie von Gleichrichtergeräten mit derartiger Regelanordnung verläuft etwa wie die Kurve c in Bild 36 S. 54.

Dreischenkeliger Spannungs-Ausgleichstransformator

Diese Anordnung[1]) faßt die gleichstromvormagnetisierte Drossel
mit dem Gerättransformator zusammen, so daß auch diese Geräte Stromspannungskennlinien (Kippkennlinien) besitzen wie die Geräte mit vormagnetisierten Drosseln. Von dem dreischenkeligen Transformator trägt
ein Schenkel die Primärwicklung und den Hauptteil der Sekundärwicklung, deren anderer Teil sich — entgegengeschaltet — auf dem mittleren Schenkel befindet. Dieser trägt ferner die vom Gleichstrom durchflossene Wicklung. Der dritte Schenkel ist leer. Die Gleichstrommagne-
tisierung des mittleren Schenkels verändert den magnetischen Fluß
in diesem Schenkel derart, daß die in der Sekundärwicklung des mittleren Schenkels erzeugte Wechselspannung und damit die den Gleichrichtersäulen zugeführte resultierende Wechselspannung sich verändert,
d. h. z. B. bei steigender Last erhöht sich die dem Gleichrichter zugeführte Wechselspannung.

Gittersteuerung von Quecksilberdampfgleichrichtern

Mittels der Gittersteuerung lassen sich Quecksilberdampfgleichrichter für die vorliegenden Zwecke neben vielen anderen Anwendungs-
gebieten stufenlos, trägheitslos, verlustlos und vollselbsttätig regeln.

Während bei dem Hochvakuumentladungsgefäß, wie es in der
Nachrichtentechnik z. B. als Verstärkerrohr verwendet wird, der Stromdurchgang durch das Entladungsrohr mit Hilfe der Gitterspannung geregelt werden kann, ist dies infolge der Gasfüllung (Quecksilberdampf)
bei dem gasgefüllten Gefäß nicht möglich: eine Entladung (Lichtbogen)

[1]) DRP. 715406.

zwischen einer Anode und der Kathode kann nur erlöschen, wenn die Spannung an der Anode gegen die Kathode verschwindet. Bei Bestehen einer Entladung ist diese durch einfache Gitterbeeinflussung nicht zu unterbrechen. Nach Erlöschen infolge Nulldurchgang der Anodenspannung kann bei negativer Gitterspannung der Lichtbogen nur wieder eingeleitet werden, wenn dem Gitter ein positives Potential gegenüber der Kathode erteilt wird. Durch zeitliche Verschiebung der Erteilung

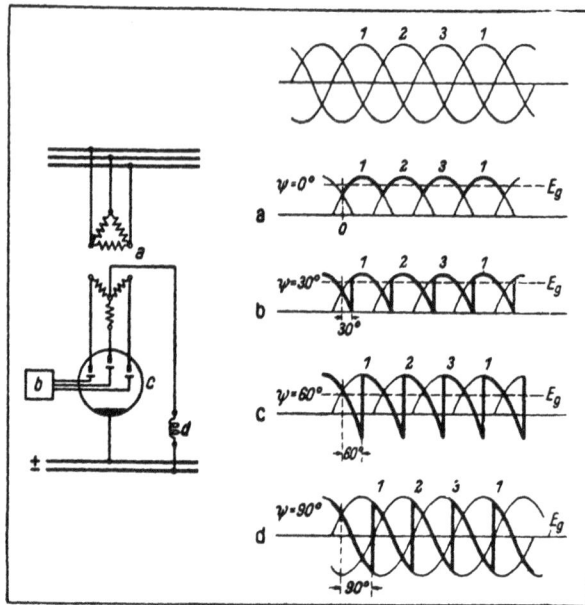

Bild 34. Spannungsregelung durch Gittersteuerung.

links a = Transformator   b = Steuergerat   c = Gleichrichtergefaß.
rechts: a, b, c, d · verschiedene Aussteuerungsgrade.

dieses positiven Potentials, nacheilend gegenüber der Anodenspannung (Zündverzögerung, Zündwinkel ψ), wird eine entsprechend späte Zündung erreicht. Infolgedessen ändert sich die abgegebene Gleichspannung E_g wie rechts auf Bild 34 gezeigt, so daß je nach einer kleineren oder größeren Zündverzögerung (Kurvendarstellung a—d) eine große oder kleine Aussteuerung des Gleichrichters und dementsprechend eine große oder kleine Leistungsabgabe stattfindet. Bei den verschiedenartigen Steuerungen kommt es also darauf an, den den einzelnen Anoden zugeordneten Gittern in einem ganz bestimmten Augenblick relativ zur Phasenlage der Anodenspannung ein positives Potential in geeigneter Höhe und Dauer zu erteilen.

Man unterscheidet:

    1. mechanische Steuerung,
    2. Röhrensteuerung,
    3. magnetische Steuerung.

Einzelheiten aller Steuerungsarten zu bringen, überschreitet den Rahmen der Abhandlung. In der einschlägigen Literatur ist in den letzten Jahren viel hierüber veröffentlicht worden (4). Die magnetische Steuerung wird aus Zweckmäßigkeitsgründen bei Behandlung der Quecksilberdampfgleichrichter erläutert (S. 63).

2. Maschinen

Zur Ladung oder Pufferung von Batterien für die Speisung von Wählanlagen stehen Maschinen und Gleichrichter, ferner Geräte zum Anschluß an Gleichstromnetze zur Verfügung. Maschinen sind heute, von Sonderfällen abgesehen, im allgemeinen von den Gleichrichtern verdrängt worden, deren Eigenschaften einen in jeder Beziehung einwandfreien Betrieb ermöglichen. Gleichstromgeneratoren in Verbindung mit Elektromotoren sind die Ladeeinrichtungen gewesen, die bei den ersten Wählanlagen zur Stromversorgung herangezogen worden sind. Die Entwicklung der verschiedenen Gleichrichterarten war damals noch nicht so weit vorgeschritten, daß ihr Einsatz einen sicheren Betrieb ermöglichte, entsprechend den besonderen Anforderungen, die an diese Ladeeinrichtungen gestellt wurden. Gleichstromgeneratoren sind damals bis zu den kleinsten Leistungen von einigen 100 W benutzt worden. Es wurden immer zwei Maschinen in Verbindung mit zwei Batterien vorgesehen, wobei die Anlagen im Lade- und Entladebetrieb betrieben wurden. Die Anforderungen an die Gleichstromgeneratoren beschränkten sich deshalb lediglich auf eine bestimmte Regelbarkeit der Stromstärke in den Grenzen, wie sie für die Ladung von Bleisammlern benötigt wird. Die zusätzliche Einführung der Pufferung ließ die Forderung nach möglichst oberwellenfreier Gleichspannung auftreten.

Bei Maschinen, die nur zur Ladung herangezogen werden, muß die Spannung bis auf 2,8 V je Zelle bei vollem Ladestrom geregelt werden können. Leistungsmäßig werden sie jedoch nur für den vollen Ladestrom bis 2,5 V je Zelle im Dauerbetrieb bemessen. Die Überlastung bei Regelung bis auf 2,8 V je Zelle hält sich in den für diese Maschinen zulässigen Grenzen. Bei steigender Gegenspannung der Batterie wird im allgemeinen stets die Ladestromstärke herabgesetzt (S. 26), so daß die Kennlinien von Maschinen derartiger Bemessung den Forderungen, die bei Sammlerladungen an sie gestellt werden, entsprechen.

Bei Maschinen, die nur zum Pufferbetrieb dienen, muß die Spannung bis 2,2 V je Zelle geregelt werden können. Bei diesen Maschinen soll der Augenblickswert der Spannung des Wechselstromanteils der Gesamtspannung im ungünstigsten Fall 1% nicht überschreiten. Bei Pufferbetrieb mit einer Sammlerbatterie und bei Vorhandensein von getrennten Lade- und Entladeleitungen genügt diese Bemessung der Maschinen stets. In besonders günstigen Fällen kann sogar auf Oberschwingungsfreiheit der Maschinen verzichtet werden.

Die Mittel, die zum Erreichen einer möglichst oberschwingungsfreien Gleichspannung angewendet werden, sind folgende:

1. Anwendung möglichst großer Nutenzahlen,
2. Anwendung einer möglichst hohen Segmentzahl des Kollektors,
3. möglichst große Ausbildung des Luftspaltes für die Haupt- und Wendepole,
4. Anpassung der Größe und Form des Hauptpolbogens an die durch Nutenform und Nutenzahl bedingten magnetischen Verhältnisse durch Einbau von Spezialpolen,
5. axiale Verschränkung der Nuten um genau eine ganze Nutenteilung,
6. Anwendung von mehr oder weniger geschlossenen Nuten,
7. Verwendung möglichst schwingungsfrei laufender Kohlen.

Da die für den Betrieb von Wählanlagen geforderten Spannungsgrenzen eng sind, werden stets selbsterregte Nebenschluß-Generatoren verwendet, die sich im allgemeinen bei unveränderter Umdrehungszahl und Stromstärke bis auf etwa 60% der Nennspannung, ohne daß die Leistungsabgabe schwankt, herabregeln lassen.

Der Aufbau der Maschinensätze wird in der Regel so vorgenommen, daß die Antriebsmotoren und die Gleichstromgeneratoren mit einer gemeinsamen Grundplatte auf Fundamente gesetzt werden. Die Höhe der Fundamente wird so bemessen, daß die Kollektoren und Lager zur Pflege gut erreichbar sind und sich in einer Höhe von etwa 90 cm über dem Erdboden befinden. Die Grundplatten werden überall dort, wo eine Übertragung der Maschinenschwingungen auf die Fundamente vermieden werden soll, auf Schwingungsdämpfer gesetzt. Für die Antriebsmotoren gelten die allgemein üblichen Bedingungen. Stets werden bei Wechsel- oder Drehstrommotoren Motorschutzschalter, bei Gleichstrommaschinen Anlasser mit Spannungsrückgangsauslösung verwendet, die bei Ausfall des Netzes die Umformer abschalten. Ferner werden die Umformer durch Verwendung von Motorschutzschaltern vor Überlastung geschützt und bei Ausfall einer Phase (bei Drehstromnetzen) abgeschaltet. Die Anlasser werden entweder bei kleineren Maschinen an der Schalttafel, bei größeren Maschinen an oder unmittelbar neben den Motoren angebracht. Die Leitungen zu den Maschinen werden in im Fußboden und im Fundament eingelassenen Rohren oder in abgedeckten Kanälen verlegt.

Bei Zweibatteriebetrieb werden die Maschinen, die im allgemeinen gleich groß sind, zur Sicherstellung der Betriebes in der Regel so bemessen, daß beide parallelgeschaltet in etwa 6...7 h eine Batterie voll aufladen können. Bei Ausfall einer Maschine besteht dann die Möglichkeit, in etwa 12 h eine Batterieladung durchzuführen. Grundsätzlich sollen die Maschinen so gewählt werden, daß sie möglichst mit Nennstromstärke arbeiten: bester Wirkungsgrad. Einankerumformer werden wegen der schlechten Regelbarkeit der Gleichspannung nicht verwendet. Während bei Wechsel- und Drehstromnetzen die umlaufenden Maschinen immer mehr durch Gleichrichter verdrängt werden, beherrschen bei Gleichstromnetzen in mittleren und großen Stromversorgungsanlagen die Umformer das Feld. Das Laden und Puffern von Batterien über Widerstände ist im allgemeinen ein teures Verfahren, dessen einziger Vorteil seine Betriebssicherheit ist.

Die Anschaffungs- und Betriebskosten von Maschineneinrichtungen werden im Abschnitt VIII behandelt.

Bevor die Gleichrichter betriebssicher waren, wurden Umformer auch zur selbsttätigen Pufferung herangezogen. Die Einrichtungen und deren Schaltungen waren mannigfaltig. Kleine Umformer mit einer Gleichstromleistung bis etwa 200 W wurden bei Beginn und Ende einer Belegung[1] durch Leitungs- oder Gruppenwählerkontakte ein- und ausgeschaltet. Der Pufferstrom wurde eingestellt auf einen Wert, der etwa dem Stromverbrauch einer Belegung mit einem Zuschlag zur Deckung der Batterieverluste entsprach. Für die Gleichzeitigkeit mehrerer Belegungen wurde ebenfalls ein Zuschlag gemacht.

Größere Umformer werden bis heute im Ausland vielfach mittels Amperestundenzählern ein- und ausgeschaltet. Die Überwachung der Pufferung oder Ladung mit Amperestundenzählern ist so eingerichtet, daß nach einer bestimmten Stromentnahme aus der Batterie der Umformer eingeschaltet wird. Ein zweiter Amperestundenzähler oder ein Kontaktvoltmeter überwacht und schaltet nach einer bestimmten Zeit die Ladung wieder ab.

Ein weiteres Verfahren, das besonders bei großen Generatoren in Deutschland angewendet wurde und in einigen Wählanlagen heute noch in Betrieb ist, besteht darin, die Erregung des Puffergenerators in Abhängigkeit von der Differenz des Lade- und Entladestromes zu regeln. Ein Differentialrelais, dessen eine Wicklung vom Lade-, dessen andere vom Amtsstrom durchflossen wird, beeinflußt über einen Steuermotor den Feldregler des Puffergenerators: Die Generatorspannung wird so geregelt, daß die beiden Ströme stets im richtigen Verhältnis stehen.

Besondere Umstände erfordern bisweilen, daß die Ladung von Sammlerbatterien selbsttätig vor sich geht. Diese Forderung tritt z. B.

---

[1] Gespräch — Belegung s. Abschn. VIII 1.

immer dann auf, wenn die Ladung nur zu bestimmten Zeiten möglich ist, sei es dadurch, daß das Netz nur bestimmte Stunden zur Verfügung steht oder daß z. B. nachts der Netzstrom mit besonders billigem Tarif geliefert wird. Der Betrieb gestaltet sich dann meist so, daß von einer Überwachungsperson die Ladung einer Batterie eingeschaltet wird, die dann selbsttätig bei Beendigung der Ladung abgeschaltet wird. Die Lademaschinen erhalten besondere Stromspannungskennlinien unter Verwendung von Verbundwicklungen, so daß die Ladestromstärke sich dem Ladezustand der Batterien günstig anpaßt. Die Abschaltung der Maschinen geschieht mittels spannungsabhängiger Schalter bei einer bestimmten Zellenspannung. Hierfür ist der Pöhlerschalter vielfach eingeführt (S. 38).

3. Gleichrichter

Für die Speisung von Wählanlagen werden heute Trockengleichrichter und Quecksilberdampfgleichrichter verwendet: Erstere von kleinsten bis zu mittleren, letztere bis zu den größten Anlagen.

Der Glühkathoden-Gleichrichter ist von den genannten Gleichrichtern fast völlig verdrängt worden, die ihm durch höhere Lebensdauer und dadurch bedingte Wartungslosigkeit überlegen sind.

Über die Wahl einer der genannten Gleichrichterarten siehe S. 68.

Die für andere Verwendungszwecke geeigneten Gleichrichter, wie Glimm-, Pendel- und Elektrolytgleichrichter, scheiden hier aus folgenden Gründen aus:

Der Glimmgleichrichter ist infolge des hohen Spannungsabfalls der Glimmstrecke nur für geringe Leistungen, der Pendelgleichrichter nur für kleine Spannungen und kleine Leistungen geeignet.

Der Elektrolytgleichrichter ist im Betrieb umständlich und hat einen schlechten Wirkungsgrad.

Folgende besonderen Eigenschaften der Trocken- und Quecksilberdampfgleichrichter haben ihnen allgemein Eingang in die Stromversorgungstechnik der Fernsprechwählanlagen verschafft:

Im Gegensatz zu Maschinen besitzen sie keine beweglichen Teile, die der Abnutzung unterworfen sind. Deshalb haben sie eine große Lebensdauer bei geringster Wartung und höchster Betriebssicherheit.

Es ist einfach, ihnen Stromspannungskennlinien zu geben, die allen Anforderungen des selbsttätig geregelten Pufferbetriebes mit gutem Wirkungsgrad genügen.

Ihre Inbetriebnahme ist einfacher als die von Maschinen.

Infolge ihres geringen Gewichtes und ihres erschütterungsfreien Arbeitens können sie ohne Fundamente aufgestellt oder an Wänden, in Gestellen (Wählergestellen) usw. untergebracht werden.

Ihre Aufbaukosten sind niedriger als die von Maschinenumformern.

Einheiten ohne Fremdbelüftung arbeiten geräuschlos, so daß sie z. B. in Büroräumen zusammen mit den Wähleinrichtungen untergebracht werden können (Bild 35).

Der bei Maschinenbetrieb gebräuchliche Rück- oder Unterstromschalter fällt fort.

Bild 35. Unterbringung einer kleinen Wahleinrichtung für 25 Teilnehmeranschlusse mit dem Puffergleichrichter in einem Buroraum.

Unterschieden wird zwischen Gleichrichtereinrichtungen für Schnelllade-[1]) und Pufferbetrieb. Letztere besitzen oft zusätzlich eine Schnellladestufe, um die Möglichkeit zu haben, die Batterie nach einer ungewöhnlich hohen Stromentnahme oder nach einem längeren Netzausfall schnell wieder aufladen zu können.

---

[1]) Siehe Fußnote S. 26.

Es sind für Puffergleichrichter verschiedene Bezeichnungen gebräuchlich, wie

Gleichrichter für Dauerladung,

     selbsttätige Dauerladung,

     selbstregelnde Pufferung,

     Kippladung,

     Regelladung,

     konstánte Batteriespannung usw.

Gegeneinander abgrenzen lassen sich die einzelnen Gerätearten, bei denen zur Erzielung verschieden steiler Stromspannungskennlinien und entsprechend mehr oder weniger enger Batteriespannungsgrenzen besondere Mittel aufgewendet werden, nicht.

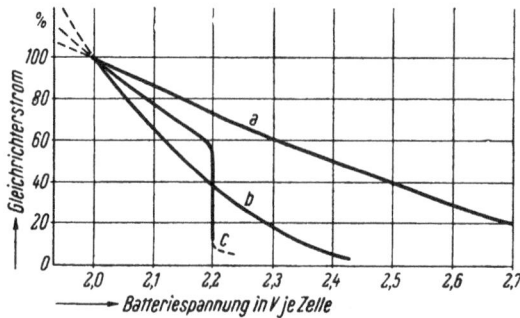

Bild 36. Stromspannungskennlinien von verschiedenen Gleichrichtergeraten.

a = Schnelladegeräte   b, c = Puffergerate

In Bild 36 sind drei charakteristische Stromspannungskennlinien von Gleichrichtergeräten dargestellt:

a: Schnelladegeräte, mit denen entsprechend bemessene Batterien in etwa 10 h selbsttätig geladen werden können,

b, c: Puffergeräte; Gleichrichtergeräte mit einer Kennlinie nach b sind geeignet zur Pufferung von Batterien, bei denen die obere Spannungsgrenze bei etwa 2,3 V/Zelle liegt und die verhältnismäßig gleichbleibende Stromentnahme haben.

Die Geräte mit einer (steileren) Kennlinie nach c sind besonders geeignet für Wählanlagen mit engen Spannungsgrenzen, wobei die obere Batteriespannungsgrenze etwa bei 2,2 V/Zelle liegt.

Die Stromabgabe dieser letztgenannten Gleichrichtergeräte für selbstregelnde Dauerladung paßt sich dem schwankenden Strombedarf des Verbrauchers an. Die Kennlinie ist der besonderen Eigenschaft des Bleiakkumulators entsprechend ausgebildet, die darin besteht, daß die Spannung einer Zelle bei einem bestimmten gespeicherten Arbeitsinhalt abhängig ist von der Größe des relativen Ladestromes (s. S. 27). Gleichrichter mit derartigen Kennlinien erfüllen die im folgenden zusammengefaßten Forderungen an Stromversorgungseinrichtungen für Pufferbetrieb in Wählanlagen vollkommen:

Einhaltung bestimmter enger Spannungsgrenzen,
Zurverfügungstellung eines hohen Arbeitsinhalts der Batterien,
Schonung der Batterien durch Stromstärken, die den Sammlereigenschaften angepaßt sind.

Im folgenden wird kurz die Entwicklung der Stromversorgungstechnik bei Verwendung von Gleichrichtern behandelt. Die bei Maschinen bis etwa 200 W verwendeten Puffereinrichtungen (S. 51) wurden zunächst auf Glühkathodengleichrichter bis etwa 600 W übertragen. In Abhängigkeit von Gruppen- oder Leitungswählerkontakten wurde bei Belegungen der Gleichrichter ein- und ausgeschaltet. Dieser Pufferung hafteten die Nachteile der Tropfladung an. Durch Bemessung der Ladezeit mit einer Uhr oder durch Überwachung der oberen Spannungsgrenze mit einem spannungsempfindlichen Relais (Kontaktvoltmeter), die die Ladung abschalteten, versuchte man dieses System brauchbarer zu gestalten. Ihm hafteten immer noch als wesentliche Nachteile an, daß bei hoher Batteriebelastung mit zu geringem Strom gepuffert wurde und daß ferner dem veränderlichen Batteriewirkungsgrad keine Rechnung getragen wurde. Deshalb ging man dazu über, die Pufferung von der Belastung insofern unabhängig zu machen, als man die Gleichrichter durch spannungsabhängige Schaltglieder bei der unteren und der oberen Spannungsgrenze der Batterie ein- und ausschaltete. Mit dieser Anordnung wurden recht gute Erfahrungen gemacht, jedoch waren die Haltbarkeit der Batterien und die zur Verfügung stehenden Batteriefüllungsgrade gering. Wenn man ersteren Nachteil durch öfter durchgeführte Auf- und Entladungen, die einer Sulfatierung begegnen sollten, verringern konnte, war der letztere nicht zu beseitigen. Dieser Mangel trat immer dann in Erscheinung, wenn bei geringer Batteriebelastung die obere Batteriespannungsgrenze schnell erreicht und die Pufferung abgeschaltet wurde. Der gespeicherte Arbeitsinhalt war gering, da der Pufferstrom relativ hoch war. Fiel nun das Netz aus, stand nur eine geringe Batteriereserve zur Verfügung. Diesen wesentlichen Nachteil hat man später durch Einführung des Ladungserhaltungsstromes behoben und damit das Verfahren der Tropfladung in ein der selbstregelnden Dauerladung nahe kommendes umgewandelt. Das konnte allerdings erst geschehen, als der Trockengleichrichter mit seiner praktisch unbegrenzten Lebensdauer zur Verfügung stand. Der Glühkathodengleichrichter ist begrenzt in seiner Lebensdauer, so daß man auf verhältnismäßig kurze Pufferzeiten Wert legen mußte. So ist diese Entwicklungslinie abgeschlossen mit Gleichrichteranordnungen, bei denen in Abhängigkeit von der Batteriespannung gepuffert wird: Mit großer Stromstärke bis zum Erreichen der oberen Grenze, bei Erreichen derselben und bis zum Absinken der Batteriespannung auf die untere Grenze mit geringer Stromstärke, dem sog. Ladungserhaltungsstrom.

Eine zweite Entwicklungslinie, der das Verfahren der selbstregelnden Dauerladung zugrunde lag, ist deutlich zu erkennen, indem mit verschiedenen Mitteln versucht worden ist, die Größe des Pufferstromes der Größe des Verbraucherstromes anzugleichen. Bei der Stufenschaltung beeinflußten mehrere vom Entladestrom durchflossene Relais die Pufferstromstärke. Diese Relais sprachen bei verschiedenen Stromstärken an und schlossen auf der Ladeseite entsprechende Widerstände kurz, so daß die Pufferstromstärke etwa der Verbraucherstromstärke angeglichen ist, ein Verfahren, das nur in groben Stufen (max. 3) mit hohem Verlust regelte. In dieser Entwicklung lag auch das bei Behandlung der Maschinen beschriebene Regelverfahren mittels Differentialrelais, das in Abhängigkeit vom Verbraucherstrom die Erregung der Puffergeneratoren regelte. Es konnte selbstverständlich auch bei Quecksilberdampfgleichrichtern angewendet werden, wobei ein Steuermotor den Stufenschalter des Haupttransformators beeinflußte. Einen gewissen Abschluß dieser Entwicklung bilden Gleichrichtereinrichtungen, bei denen die zur einwandfreien Pufferung notwendige Stromspannungskennlinie den in Bild 36, Kurve c, gezeigten Verlauf hat.

Im folgenden werden Trocken- und Quecksilberdampfgleichrichter näher behandelt, wobei im allgemeinen nur die besonderen Eigenschaften erwähnt werden, auf Grund derer sie zur Speisung von Fernsprechwählanlagen eingeführt sind. Zum Verständnis werden die dazu notwendigen Eigenschaften aufgeführt. Es wird auf die reichhaltige Literatur hingewiesen (5).

a) Trockengleichrichter

Der Trockengleichrichter ist wegen seiner praktisch unbegrenzten Lebensdauer und seiner völligen Wartungslosigkeit im Betrieb für die vorliegenden Zwecke ganz besonders geeignet. Der Wirkungsgrad ist von der Höhe der Gleichspannung nahezu unabhängig. Da sich jeder Trockengleichrichter aus einer Reihe von gleichartigen Einzelelementen mit gleichem Spannungsverlust je Element zusammensetzt, ist das Verhältnis des Spannungsverlustes zur Nutzspannung und damit der Wirkungsgrad für alle Gleichspannungen nahezu gleich. Besonders bei niedrigen Nutzspannungen ist dies ein Vorteil vor allen übrigen Mitteln zur Umwandlung von Wechsel- in Gleichstrom.

Der Wirkungsgrad für übliche Trockengleichrichtergeräte, bestehend aus Umspannern und Gleichrichtersäulen, beträgt bei kleinen Leistungen etwa 65...70%, bei größeren etwa 70...75%, wobei er im allgemeinen bei Teillast noch etwas ansteigt, um erst bei Belastungen unter $\frac{1}{4}$ Last abzusinken.

Verwendet werden heute allgemein Kupferoxydul- und Selengleichrichter, während der Kupfersulfidgleichrichter praktisch keinerlei Bedeutung erlangt hat. Die Wirkungsweise dieser Trockengleichrichter beruht auf der Eigenschaft sog. Halbleiter, in Verbindung mit bestimmten Metallen eine Gleichrichterwirkung auszuüben, d. h. derartige Gleichrichterzellen besitzen eine einpolige Leitfähigkeit in der Form, daß der elektrische Widerstand von der Richtung des Stromes abhängig ist. Wird an eine derartige Verbindung eine Wechselspannung gelegt, wird nur eine halbe Welle hindurchgelassen, während die andere nahezu vollkommen unterdrückt wird. Man nennt daher die Richtung des Stromes mit dem geringen Widerstand Durchlaßrichtung und die entgegengesetzte Richtung mit hohem Widerstand Sperrichtung. Der hierbei fließende geringe Strom wird allgemein als Rückstrom bezeichnet. Eine Gleichrichterzelle kann mit einer bestimmten Stromstärke entsprechend ihrer Fläche und einer bestimmten Spannung (Sperrspannung) belastet werden. Je nach der geforderten Gleichstromleistung werden Gleichrichterelemente zu Säulen parallel und hintereinandergeschaltet. Maßgeblich für die Belastung einer Gleichrichterscheibe sind im allgemeinen die Wärmeverluste, die in diesen Scheiben auftreten. Infolgedessen wird z. B. der Kupferoxydulgleichrichter in Druckplattenbauart für die vorliegenden Zwecke mit besonderen Kühlscheiben ausgerüstet. Bei größeren Leistungen werden vielfach die Säulen durch Lüfter künstlich gekühlt.

Es gibt 2 Grundformen in der Ausführung der Gleichrichterelemente:

1. Druckplattenausführung,
2. Freiflächenausführung.

Für den Selengleichrichter verwendet man im allgemeinen für die vorliegenden Zwecke lediglich die Freiflächenbauart, für den Kupferoxydulgleichrichter beide. Bei den genannten Gleichrichtern sind die einzelnen Elemente wie folgt aufgebaut (Bild 37):

Durchlaßrichtung:

Kupferoxydulgleichrichter:

Gegenelektrode — Kupferoxydul — Sperrschicht — Kupfer;

Selengleichrichter:

Trägermetall — Selenschicht — Sperrschicht — Gegenelektrode.

Die Sperrichtung verläuft im entgegengesetzten Sinne. Die Gegenelektrode besteht beim Kupferoxydulgleichrichter aus Blei oder Zink, während beim Selengleichrichter die Gegenelektrode aus einer weichen Sonderlegierung hergestellt ist.

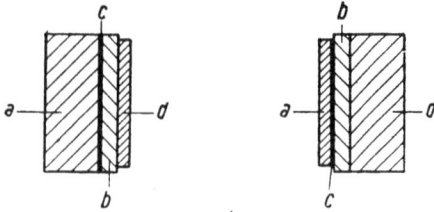

Bild 37. Aufbau der Elemente von Kupferoxydul- und Selengleichrichtern.
Links Kupferoxydulgleichrichter
a = Kupfer   c = Sperrschicht
b = Kupferoxydul   d = Gegenelektrode
Rechts Selengleichrichter
a = Gegenelektrode   c = Sperrschicht
b = Selenschicht   d = Trägermetall

Bei der Druckplattenausführung (Bild 38) der Kupferoxydulgleichrichter werden die einzelnen Gleichrichterelemente unter Zwischenschaltung von Kühlblechen und Abstandstücken unter Verwendung von Bleischeiben als Gegenelektroden auf isolierten Bolzen unter Federspannung zusammengehalten, während bei der Freiflächenausführung (Bild 39) eine Zinklegierung als Gegenelektrode unmittelbar auf die Kupferoxydulschicht gespritzt ist. Die Zusammenstellung des Selengleichrichters in Freiflächenbauart ist entsprechend (Bild 40). Für die

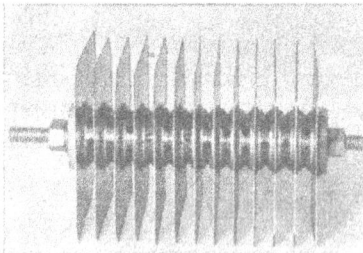

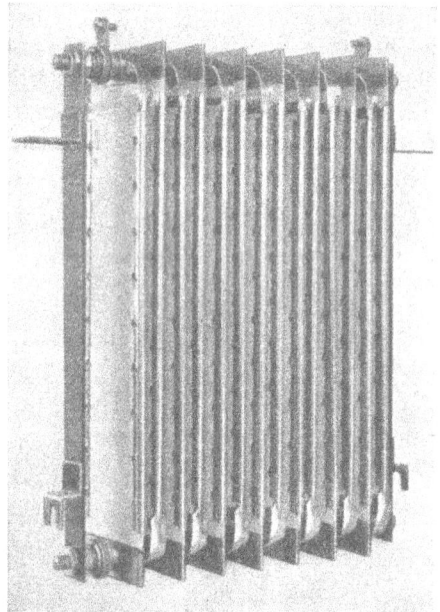

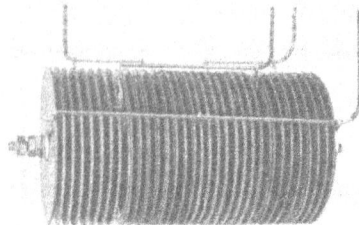

Bild 40. Selengleichrichtersaule, Freiflachenbauart.

Bild 39. Kupferoxydulgleichrichter. Freiflachenbauart.

Bild 41. Trockengleichrichtergerat (geoffnet) zur Pufferung einer 24 V-Batterie mit 1,5 A. Regelung durch bestimmte Bemessung der Bauteile.

Zusammenschaltung der einzelnen Gleichrichtersäulen wird für die vorliegenden Zwecke stets die Graetzschaltung verwendet.

Trockengleichrichtergerate, von denen einige in Bild 41...43 gezeigt sind, haben grundsätzlich einen derartigen Aufbau, daß gute Kühlung

Bild 42. Trockengleichrichtergerat (geoffnet) zur Pufferung einer 24 V-Batterie mit 8 A, Schnelladung mit 12 A. Regelung bei Pufferung durch gleichstromvormagnetisierte Drossel (ruckwartige Innenansicht).

Bild 43. Trockengleichrichtergerat (geoffnet) zur Pufferung einer 60 V-Batterie mit 3 A, Schnelladung mit 4 A. Regelung bei Pufferung durch gleichstromvormagnetisierte Drossel.

für die Gleichrichtersäulen gewährleistet ist, d. h. die Gehäuse sind stets oben und unten durchlöchert; die Trockengleichrichtersäulen sind meist im unteren Teil der Gehäuse unterhalb der Transformatoren und Drosseln untergebracht, so daß eine gute Durchlüftung stattfindet. Die Wicklungen der Transformatoren werden im allgemeinen mit Anzapfungen versehen, um eine Anpassung an die jeweilig vorhandenen Netzspannungslagen zu ermöglichen. Bei Gleichrichtergeräten für Pufferbetrieb ist immer die Verwendung von Glättungsmitteln (Glättungsdrosseln) notwendig, um eine genügend oberwellenfreie Spannung zu erhalten. Die zum Betrieb notwendigen Instrumente, Schalter usw. werden fast stets auf den Vorderflächen der Gehäuse untergebracht.

Die im folgenden beschriebenen Geräte für Pufferbetrieb stellen Ausführungen dar, bei denen eine gewünschte Stromspannungskennlinie durch Verwendung von im Abschnitt 1. genannten Regelanordnungen erreicht wird. Der in Bild 41 gezeigte Gleichrichter liefert eine Pufferstromstärke von 1,5 A bei 24 V. Die Stromspannungskennlinie, die der Kurve b in Bild 36 entspricht, wird durch entsprechende Bemessung der einzelnen Bauteile (S. 43) erreicht.

Die in Bild 42 und Bild 43 dargestellten Gleichrichter liefern bei 24 (60) V 8 (3) A Pufferstrom und können nach Betätigung eines Umschalters 12 (4) A bei Schnelladung abgeben. Die Schaltung ist in Bild 44 dargestellt. Die Regelung

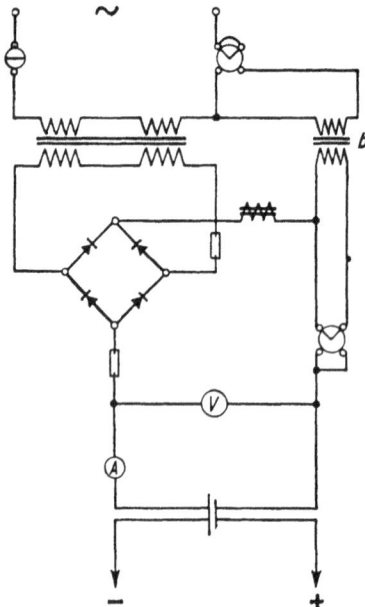

Bild 44. Schaltung von Trockengleichrichtergeräten mit Regelung durch gleichstromvormagnetisierte Drossel.

b = gleichstromvormagnetisierte Drossel.

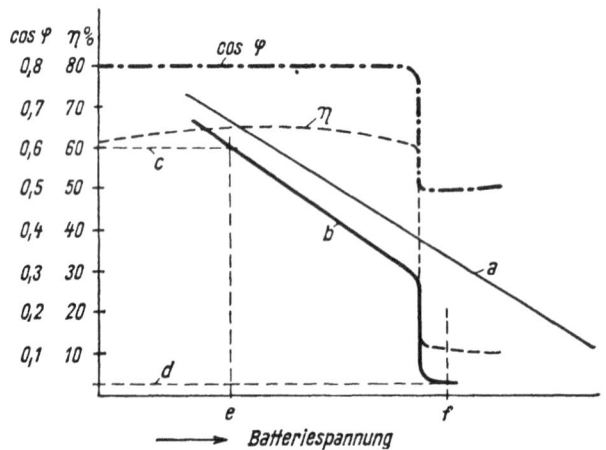

Bild 45. Kennlinien von Trockengleichrichtergeraten mit Regelung durch gleichstromvormagnetisierte Drossel.

Stromspannungskennlinien

a = bei Schnelladung   d = niedrigster Pufferstrom
b = bei Pufferung   e = unterste Batteriespannung
c = höchster Pufferstrom   f = oberste Batteriespannung.

Bild 46. Trockengleichrichtergerat (Ansicht)
zur Pufferung einer 60 V-Batterie mit 1,5 A.
Regelung durch Kontaktinstrument.

Bild 47. Trockengleichrichtergerat (Ruckansicht) zur Pufferung einer 60 V-Batterie
mit 1,5 A. Regelung durch Relais.

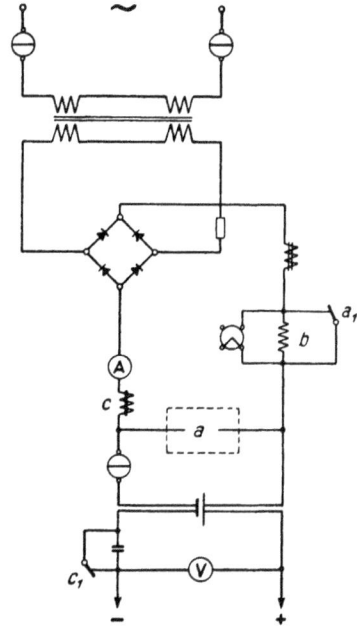

Bild 48. Schaltung von Trockengleichrichtergeraten mit Regelung
durch spannungsabhängiges Regelglied.

a = spannungsabhangiges Regelglied
    mit Kontakt a_1
b = Widerstand
c = Ladestromuberwachungsrelais mit
    Kontakt c_1 (Gegenzellenschal-
    tung).

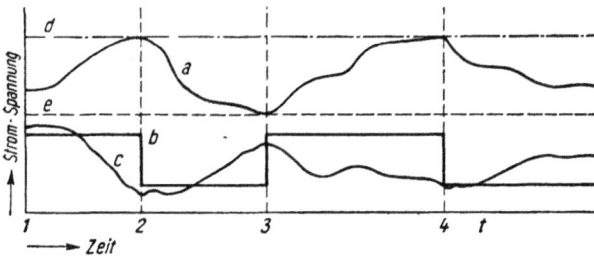

Bild 49. Regelung der
Pufferstromstärke durch
spannungsabhangiges
Regelglied.

a = Batteriespannung
b = Pufferstrom
c = Verbraucherstrom der
    Wahlanlage
d = oberste Batteriespan-
    nung
e = unterste Batteriespan-
    nung.

dieser Gleichrichter geschieht durch die auf S. 44 behandelte gleichstromvormagnetisierte Regeldrossel. Die verschiedenen Kennlinien dieser
Geräte zeigt Bild 45.

Es hat sich in langjährigem Betrieb mit diesen Geräten herausge-
stellt, daß die für Fernsprechwählsysteme zulässigen oberen und unteren
Spannungsgrenzen, selbst bei Netzspannungsschwankungen in üblichen
Größen, ohne Schwierigkeiten eingehalten werden, wenn der tägliche
Stromverbrauch der Wählanlagen, die Größen der gepufferten Sammlerbatterien und die der speisenden Trockengleichrichter in einem ganz
bestimmten Verhältnis stehen. Es kann erfahrungsgemäß damit gerechnet werden, daß derartige Gleichrichter mit Kennlinien, wie Kurven
b und c in Bild 36, innerhalb von 24 h durchschnittlich 10 h die volle
Nennstromstärke liefern. In der restlichen Zeit wird infolge angestiegener
Batteriespannung nur eine geringere Stromstärke abgegeben, d. h. der
zuletzt angeführte Gleichrichter mit 8 A Pufferstromstärke bei 24 V
kann einen täglichen Stromverbrauch von etwa 80...100 Ah decken. Die
hierzu notwendige Batteriegröße beträgt etwa 108...144 Ah. Bei diesen
Größenverhältnissen ist die Einhaltung von geforderten Batteriespannungsgrenzen, ein stets hoher Ladezustand der Batterie von etwa 70
bis 80% und eine lange Lebensdauer letzterer sichergestellt.

Das in Bild 46 gezeigte Gleichrichtergerät besitzt eine Regelung
mit Kontaktvoltmeter, wie sie auf S. 39 erwähnt worden ist. Die Stromspannungskennlinie dieses Gerätes verläuft stufenförmig (Bild 49).
Dieselbe Stromspannungskennlinie wird erreicht durch Verwendung
einer Relaiskombination (Bild 47), wie sie auf S. 39 beschrieben worden
ist. Das grundsätzliche Schaltbild dieser Geräte ist in Bild 48 dargestellt.

Die Lebensdauer von Trockengleichrichtergeräten ist unter der
Voraussetzung, daß sie weder überlastet werden noch unter Bedingungen
arbeiten, die für sie nicht zuträglich sind, praktisch unbegrenzt

b) Quecksilberdampfgleichrichter

Der Quecksilberdampfgleichrichter kommt für die Speisung mittlerer und großer Wählanlagen in Frage. Die Gleichrichteranordnungen
haben eine hohe Lebensdauer und einen guten Wirkungsgrad.

Die Höhe des Spannungsabfalls ist bei gasgefüllten Entladungs-
gefäßen von der Stromstärke praktisch unabhängig und konstant. Der
Spannungsabfall ist klein (etwa 15...20 V), so daß sich herab bis zu
Gleichspannungen von etwa 40...50 V gute Wirkungsgrade ergeben.
Der Wirkungsgrad einer vollständigen Quecksilberdampfgleichrichter-
anlage einschließlich Umspanner und der erforderlichen Leistung für
die Hilfserregung des Glaskolbens beträgt bei 60 V Gleichspannung etwa
73%. Bei geringen Strömen ist der Wirkungsgrad ungünstig: Um ein

sicheres Brennen des Lichtbogens zu gewährleisten, ist das Bestehen einer dauernd brennenden Hilfserregung über besondere Hilfsanoden erforderlich.

Quecksilberdampfgleichrichter erfüllen ganz allgemein alle Forderungen, die sowohl der Einbatteriebetrieb als auch der Zweibatteriebetrieb stellen. Die im folgenden beschriebenen Gleichrichter sind für selbsttätigen Puffer- und selbsttätigen Schnelladebetrieb eingerichtet. Bei Gleichrichtern bis zu etwa 80 A Gleichstrom werden zur Erzeugung einer gewünschten steilen Stromspannungskennlinie gleichstromvormagnetisierte Regeldrosseln, darüber hinaus die Gittersteuerung angewendet.

Die Gleichrichter werden vielfach in Schrankform ausgeführt, wobei die Vorderseiten als Schalttafel ausgebaut sind und die zum Betrieb notwendigen Instrumente und Schalter tragen. Neuerdings wird häufig die bekannte Binderbauweise angewendet.

Zur Regelung der Spannung mit Gittersteuerung ist eine besondere Steueranordnung erforderlich, die die in den Anodenarmen der Entladungsgefäße angebrachten Steuergitter zu gegebenen Zeitpunkten positiv beaufschlagt. Von den Steuermethoden, die für Quecksilberdampfgleichrichter entwickelt wurden (s. S. 49), wird im folgenden die magnetische Spannungsstoßsteuerung dargestellt. Sie hat große Verbreitung gefunden, da sie keine beweglichen Teile besitzt und nur geringen Leistungsaufwand erfordert. Die Gitter sind über die Wicklungen a der Stoßtransformatoren mit dem negativen Pol einer Gleichspannungsquelle verbunden, die in Bild 50 durch einen Trockengleichrichter dargestellt ist. Die Stoßtransformatoren werden durch zwei Wicklungen erregt: b und c. Die Erregerwicklungen b sind an die Phasenspannung des speisenden Drehstromnetzes angeschlossen, während die Wicklungen c über einen Regelwiderstand f zur Gleichstromvormagnetisierung der Stoßtransformatoren dienen. Die Sättigung dieser Transformatoren ist so gewählt, daß nur in der Nähe des Nulldurchgangs der resultierenden Erregung eine Feldänderung eintritt. (Bild 51, das die Wirkungsweise der Spannungsstoßsteuerung darstellt). Diese Feldänderungen erzeugen in den Sekundärwicklungen a positive und negative Spannungsstöße, die sich der negativen Sperrspannung überlagern. Die positiven Spannungsstöße, die höher sind als die Sperrspannung am Gitter, zünden die zugehörige Anode und erwirken eine gewünschte Brenndauer derselben. Die Lage des Nulldurchgangs der Erregung und damit des Zündzeitpunktes der einzelnen Anoden kann durch Änderung der Vormagnetisierung der Eisenkerne mittels der Wicklungen c (durch Veränderung des Widerstandes) bestimmt werden. Durch diese Regelung des Vormagnetisierungsgleichstromes in Verbindung mit einer Stromumkehr kann der

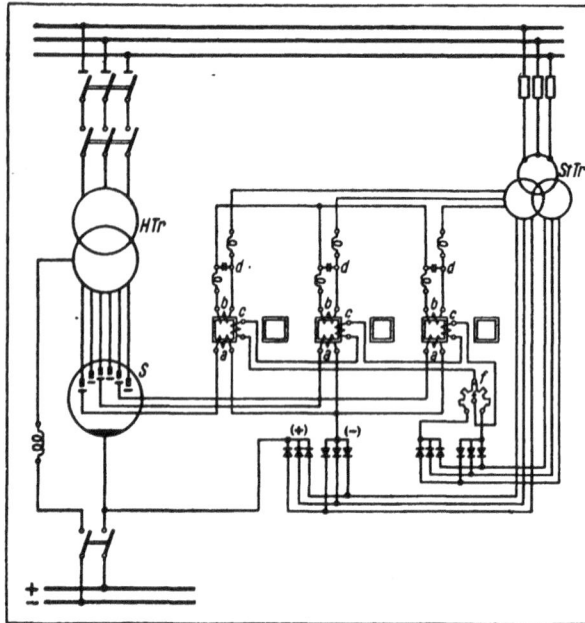

Bild 50. Schaltung der Spannungsstoßsteuerung (fur einen Sechsphasen-Queck-
silberdampfgleichrichter).

HTr = Haupttransformator   StTr = Steuertransformator   S = Gleichrichtergefaß.
Übrige Bezeichnungen = Siehe Text.

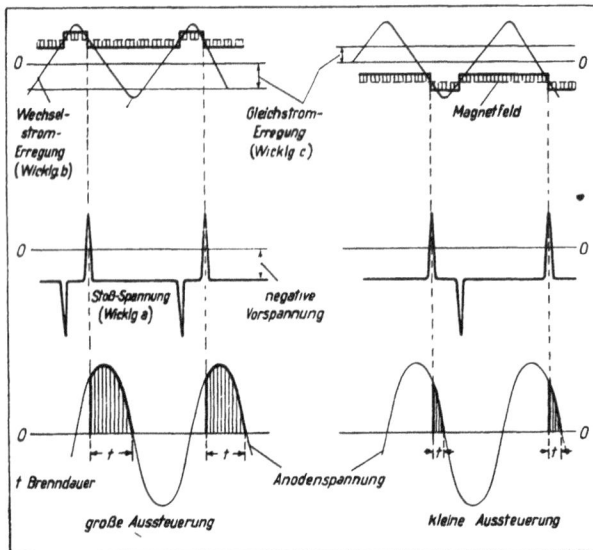

Bild 51. Wirkungsweise der Spannungs-Stoßsteuerung.

Spannungsstoß innerhalb eines Bereiches von etwa 120⁰ el. verschoben werden. Durch die Brenndauer der einzelnen Anoden ist die resultierende Gleichspannung bestimmt. Bild 52 stellt die Ansicht eines Spannungsstoßsteuersatzes dar.

Für die selbsttätige Pufferung wird zur Regelung der Gleichstromvormagnetisierung ein Kohledruckregler an Stelle des Widerstandes f eingesetzt, der in Abhängigkeit von der Batteriespannung die Steuerung beeinflußt, so daß eine gewünschte Stromspannungskennlinie erreicht wird.

Während bei der Spannungsregelung von Quecksilberdampfgleichrichtern durch Stufentransformatoren die Oberwellenfrequenz der Gleichspannung ungefähr gleich bleibt, ändert sich

Bild 52. Spannungsstoßsteuersatz.

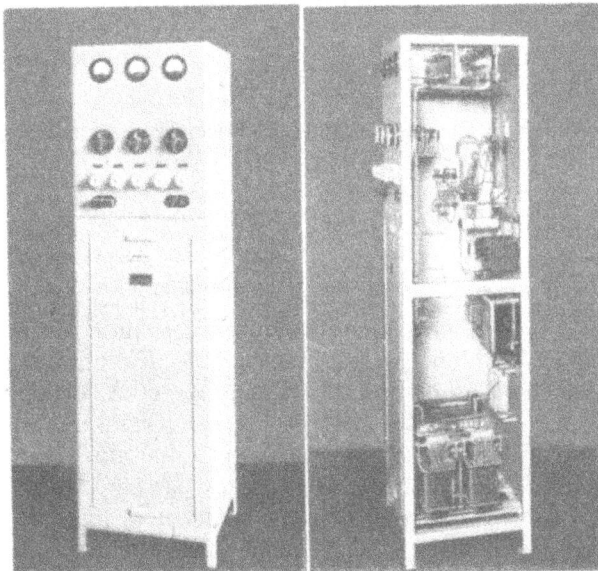

Bild 53. Quecksilberdampfgleichrichter zur Pufferung oder Schnelladung einer 60 V-Batterie mit 10 A. Regelung bei Pufferung durch gleichstromvormagnetisierte Regeldrossel.

Links Vorderansicht, rechts Seitenansicht, Gehäuse geöffnet

die Welligkeit bei der Regelung durch Gittersteuerung je nach dem Grad der Aussteuerung in der Höhe und der Frequenz der einzelnen Oberwellen (6). Um die Welligkeit bei gittergesteuerten Gleichrichtern in zulässigen Grenzen zu halten, müssen umfangreichere Glättungsmittel vorgesehen werden als bei ungesteuerten Gleichrichtern (auch Trockengleichrichtern), wobei im besonderen für die Speisung von Wählanlagen zu beachten ist, daß hier nicht allein die Größe der einzelnen Oberwellen, sondern auch deren Frequenz für den Störeinfluß auf das menschliche Ohr maßgebend ist. Infolgedessen wird im allgemeinen dem dreiphasigen Quecksilberdampfgleichrichter der Vorzug gegeben, da der Störeinfluß der Hauptoberwelle von 150 Hz gering ist.

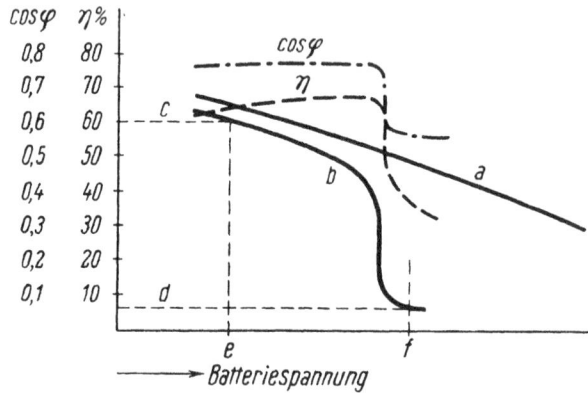

Bild 54. Kennlinien von Quecksilberdampfgleichrichtergeraten mit Regelung durch gleichstromvormagnetisierte Drossel.

Stromspannungskennlinien:

a = bei Schnelladung
b = bei Pufferung
c = höchster Pufferstrom

d = niedrigster Pufferstrom
e = unterste Batteriespannung
f = oberste Batteriespannung.

In Bild 53 ist ein Quecksilberdampfgleichrichter gezeigt zur Speisung einer 60 V-Wählanlage mit 10 A. Die Kennlinien dieser Einrichtung sind in Bild 54 dargestellt. Für große 60 V-Wählanlagen wird die in Bild 55 dargestellte gittergesteuerte Quecksilberdampfgleichrichteranlage in Binderbauweise eingesetzt, die aus zwei getrennten Quecksilberdampfgleichrichtern für je 150 A besteht. Jeder der beiden Gleichrichter kann sowohl selbsttätig in Pufferschaltung, als auch handgeregelt in Pufferschaltung und Schnelladung arbeiten. Bild 56 zeigt die Rückansicht dieser Anordnung. Bild 57 die Kennlinien einer derartigen Anlage.

Die Bilder stellen kennzeichnende Ausführungen aus leistungsmäßig abgestuften Baureihen dar.

Bild 55. Quecksilberdampfgleichrichter-Anlage zur wechselseitigen Pufferung oder Ladung von zwei 60 V-Batterien, bestehend aus zwei Quecksilberdampfgleichrichtern je 150 A und 2 Zusatzfeldern. Regelung durch Gittersteuerung.

Bild 56. Ruckansicht der Anlage Bild 55.

Für die Entscheidung, ob für eine vorliegende Wählanlage ein Trocken- oder Quecksilberdampfgleichrichter zu verwenden ist, ist zusammenfassend festzustellen:

Die Forderungen, die an beide Arten gestellt werden, sind grundsätzlich die gleichen. Wegen seiner Wirtschaftlichkeit in Anschaffung

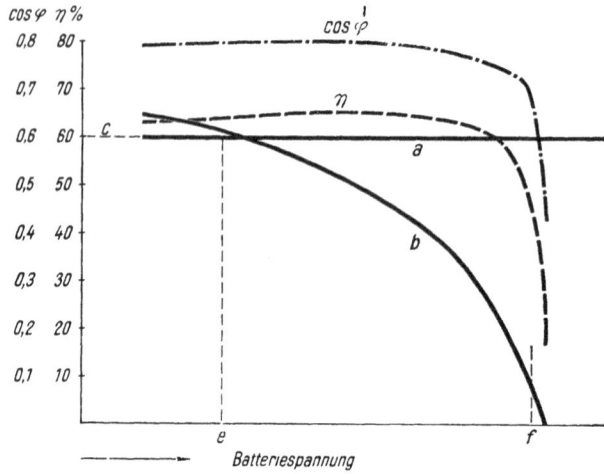

Bild 57. Kennlinien von Quecksilberdampfgleichrichteranlagen mit Regelung durch Gittersteuerung.

Stromspannungskennlinien.
a = bei Schnelladung
b = bei Pufferung
c = höchster Pufferstrom

e = unterste Batteriespannung
f = oberste Batteriespannung.

und Betrieb kommt der Quecksilberdampfgleichrichter in Frage für Stromstärken über 10 A bei 48 und 60 V-Wählanlagen, während der Trockengleichrichter bei Spannungen unter 60 V und Strömen unter etwa 60 A einzusetzen ist, wobei jedoch Überschreitungen dieser Grenzen infolge besonderer Forderungen möglich sind.

4. Lade- und Puffereinrichtungen zum Anschluß an Gleichstromnetze

Eine Speisung von Fernsprechwählanlagen aus Gleichstromnetzen ist überall da möglich, wo der Pluspol des Netzes geerdet ist. Diese Bedingung muß erfüllt sein, da bei Wähleinrichtungen grundsätzlich der Pluspol geerdet ist (s. S. 21).

Im allgemeinen werden Wählanlagen an Gleichstromnetze stets unter Zwischenschaltung einer Sammlerbatterie als spannungsminderndes Glied angeschaltet. Es müssen Einrichtungen vorgesehen werden, die verhindern, daß an den Wählanlagen Spannungserhöhungen auftreten, die Anlagen und Personen gefährden. Diese Einrichtungen müssen die Abschaltung des Netzes von der Wählanlage oder eine Herabsetzung der Spannung auf einen Anlagen und Personen nicht gefährdenden Wert bewirken. Es muß also grundsätzlich eine Spannungsüberwachung z. B. ein Relais vorgesehen werden, das parallel zur Batterie liegt und im Störungsfall das Netz abtrennt.

Inwieweit eine Speisung aus einem Gleichstromnetz wirtschaftlich ist, hängt vom Preis der kWh und von der Größe der Wählanlage ab. Je geringer die Differenz zwischen Netz- und Batteriespannung ist, desto günstiger gestaltet sich der Betrieb. Die Differenzspannung muß in Widerständen vernichtet werden.

Wesentliche Vorteile von Stromversorgungseinrichtungen mit direkter Speisung sind: ihre große Betriebssicherheit und ihre geringen Anschaffungskosten (s. Abschn. VIII 2a) gegenüber Anlagen mit Speisung durch Umformer. Letztere ist die einfachste Form bei Gleichstromnetzen, bei denen der Minuspol oder kein Pol geerdet ist oder werden darf. Für kleine Leistungen (etwa 100 W) können Wechselrichter bei diesen Netzen verwendet werden, bei denen der Netzgleichstrom mechanisch im Wechselstrom umgeformt (zerhackt) und entweder einem Gleichrichter zugeführt wird oder aber nochmals mechanisch gleichgerichtet wird. (Siehe weiter unten.)

Bei kleinen Wählanlagen wird man stets Gleichstromladegerate, die im Pufferbetrieb arbeiten, verwenden: Der Pufferstrom wird mittels Widerständen auf einen mittleren Wert festgelegt. Als Widerstand finden Glühlampen oder Drahtwiderstände Verwendung. In Bild 58 ist ein Gleichstromladegerät gezeigt, das z. B. mittels spannungsabhängigen Relais (S. 39) den Pufferstrom in Abhängigkeit von der Batteriespannung in zwei Stufen regelt. Die Regelung entspricht der auf S. 62 beschriebenen des Wechselstromladegerätes mit Kontaktvoltmeter. Das einwandfreie Arbeiten des Gerätes ist überwacht: Ein Signal wird betätigt, wenn

1. das Gleichstromnetz ausfällt,
2. die Batterie schadhaft wird (Eindringen der hohen Netzspannung in die Wählanlage),
3. eine Ladesicherung durchbrennt,
4. die Regeleinrichtung gestört ist.

Die obenerwähnten in der letzten Zeit entwickelten Wechselrichter formen mechanisch Gleichstrom in Wechselstrom (maximal etwa 100 VA) um, so daß in Verbindung mit einem nachgeschalteten Gleichrichter ein für Ladung oder Pufferung geeigneter Gleichstrom geliefert wird. Durch den Transformator im Gleichrichtergerät ist eine galvanische Trennung von dem Gleichstromnetz hergestellt, so daß die Verbindung dieser beiden Einrichtungen eine Puffermöglichkeit auch bei ungeeigneten Gleich-

stromnetzen darstellt. Es können Gleichrichtergeräte z. B. mit Regel-
ladekennlinien verwendet werden.

Bei den Gleichumrichtern wird die Gleichrichtung wiederum mechanisch vorgenommen.

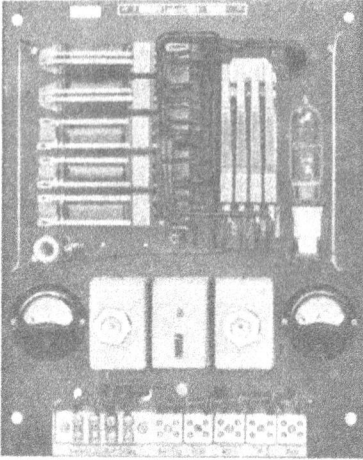

Bild 58. Puffergerät zum Anschluß an Gleichstromnetze (geöffnet). Max. 6 A Pufferstromstärke.

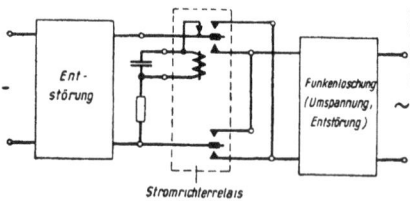

Bild 59. Schaltung eines Wechselrichters.

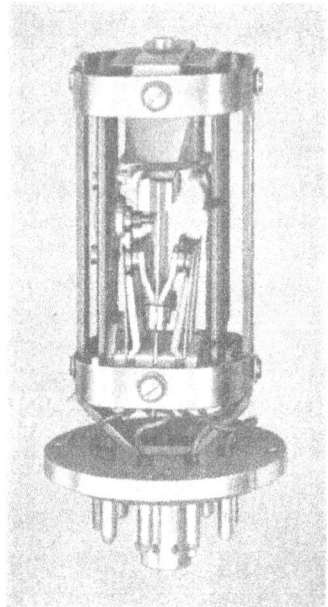

Bild 60. Wechselrichter.

In Bild 59 ist die Schaltung eines Wechselrichters, in Bild 60 ein
Wechselrichter (nach Entfernung der geräuschdämpfenden Schutzkappe)
dargestellt.

IV. Zusatz- und Sondereinrichtungen

1. Gegenzellen und deren Schalteinrichtungen

Zur Einhaltung enger Spannungsgrenzen für Wählanlagen können
Mittel auf der Lade- und Entladeseite der Batterien angewendet werden.
Die bisher beschriebenen Mittel und Einrichtungen bezogen sich auf die
Ladeseite. Als Mittel zur Spannungsregelung auf der Entladeseite

kommen Zusatz- und Gegenzellen in Betracht. Die Verwendung von
Widerständen zur Minderung zu hoher Batteriespannung ist nicht möglich, weil durch die stets schwankende Höhe des Verbraucherstroms die
Spannung nicht gleichbleibend sein würde. Durch die galvanischen Kopp-
lungen der einzelnen Relais- und Sprechstromkreise treten dann gegen-
seitige Störungen ein. Im Ausland ist die Verwendung von Zusatzzellen sehr gebräuchlich, d. h. entsprechend der Spannungslage der
Stammbatterie werden Zusatzzellen zu- oder abgeschaltet, wobei diese
Zusatzzellen dieselbe Polarität haben wie die Stammbatterie. Der Nachteil dieser Anordnungen ist, daß die Ladeeinrichtungen so beschaffen
sein müssen, diese Zusatzzellen einzeln nachladen zu können.

In Deutschland haben sich ganz allgemein Gegenzellen eingeführt,
d. h. in Reihe mit einer Batterie werden diese Zellen in der Minusentlade-
leitung je nach der Spannungslage ein- oder ausgeschaltet, wobei diese
Gegenzellen die entgegengesetzte Polarität haben wie die Stammbatterie.
Bei Erreichen der oberen Spannungsgrenze werden die Gegenzellen eingeschaltet, so daß ihre Gegenspannung wirksam wird und die Batteriespannung auf eine der Wählanlage zuträgliche Spannung gemindert
wird. Bis etwa zum Jahre 1930 wurden als Gegenzellen Bleizellen eingesetzt, die aus unformierten Großoberflächenplatten oder reinen Blei-
platten in verdünnter Schwefelsäure bestanden. Der Nachteil dieser
Bleigegenzellen bestand hauptsächlich darin, daß sie im Laufe der Zeit
eine gewisse Speicherfähigkeit (Kapazität) annahmen. Sie konnten infolgedessen beim Ausschalten aus der Entladeleitung nicht unmittelbar
kurzgeschlossen werden. Es mußten besondere Gegenzellenschalter verwendet werden, die die einzelnen Gegenzellen über Widerstände kurzschließen. Auch wurde eine besondere Schaltung angewendet, um bei
mehreren Gegenzellen die einzelnen Zellen gleichmäßig zu benutzen.
Die Gegenspannung dieser Gegenzellen betrug etwa 2,0...2,2 V je Zelle.
Die Pflege erstreckte sich hauptsächlich auf das Nachfüllen von destilliertem Wasser. Die Lebensdauer der Platten war nicht sehr groß. Sie
wurden bei Dauerbetrieb rasch aufgebraucht.

In den letzten Jahren haben sich an Stelle der Bleigegenzellen die
alkalischen Gegenzellen allgemein eingeführt und bewährt. Diese bestehen aus Glas- oder Stahlbehältern, in denen sich als Elektroden reine
Nickelbleche in verdünnter Kalilauge als Elektrolyt befinden (Bild 61).
Der Elektrolyt ist zum Luftabschluß mit einer Ölschicht überdeckt. Der
besondere Vorteil dieser Zellen besteht darin, daß sie keine merkliche
Speicherfähigkeit besitzen und infolgedessen ohne weiteres kurzgeschlossen werden können. Die Gegenspannung ist eine Folge der Gaspolari-
sation, die sich bei Stromdurchgang einstellt. Nach Aufheben des Kurz-
schlusses nimmt die alkalische Gegenzelle bei Stromdurchgang sofort
ihre Gegenspannung wieder an. Diese beträgt etwa 2,0...2,5 V (Bild 62).
Ein weiterer Vorteil dieser alkalischen Zellen gegenüber den Bleizellen

besteht in ihrer großen Haltbarkeit. Als Pflege ist nur das Nachfüllen
von destilliertem Wasser notwendig.

Es befinden sich auch alkalische Gegenzellen auf dem Markt, bei
denen nur die + -Platten aus Nickel, die — -Platten jedoch aus Eisen

Bild 61. Alkalische Gegenzellen (ortsfest).

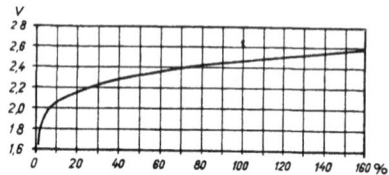

Bild 62. Spannung einer alkalischen
Gegenzelle in Abhangigkeit von der
Belastung.

bestehen. Bei diesen Zellen ist auf richtige Polarität beim Einschleifen
in die Entladeleitung zu achten.

Die Unterbringung dieser Zellen geschieht möglichst im Zuge der
Entladeleitungen, um Umwege dieser Leitungen zu vermeiden. Alkalische
Gegenzellen können unbedenklich in einem Raum untergebracht werden,
in dem sich Bleibatterien in Pufferbetrieb befinden. Das Zu- und Abschalten der alkalischen Gegenzellen kann sowohl von Hand durch Ladewärter als auch sebsttätig über Schütze in Abhängigkeit von der Batterie-
oder Amtsspannung vorgenommen werden. Bei der selbsttätigen Schaltung der Gegenzellen besteht auch die Möglichkeit, mehrere Gegenzellen (bis zu 3) gleichzeitig oder aber die Zellen nacheinander einzeln
oder in Gruppen ein- und auszuschalten. Als spannungsabhängige Schaltglieder werden Kontaktvoltmeter oder ähnliche Regelmittel, wie sie auf
S. 38 folg. beschrieben werden, verwendet. Ein Beispiel einer Spannungsregelung mit zwei voneinander unabhängigen Gegenzellen zeigt Bild 63.
Es sind in der Entladeleitung einer 60 V-Batterie die beiden Gegenzellen
a und b vorhanden, die von den Schalteinrichtungen c und d kurzgeschlossen oder freigegeben werden. Die Einrichtung c schaltet in Abhängigkeit von der Batteriespannung ihre Gegenzelle a bei 65 V (Bild 64)
ein und schließt sie bei 61 V kurz. Die Einrichtung d schaltet ihre Gegenzelle in Abhängigkeit von der Verbraucherspannung bei 62 V ein und
schließt sie bei 59 V kurz. Die Verbraucherspannung bewegt sich dann
zwischen 59 und 63 V, die Batteriespannung dagegen zwischen 59...67 V.

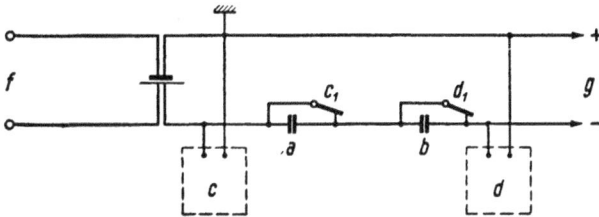

Bild 63. Anordnung zum Schalten von Gegenzellen in der Entladeleitung.

a = Gegenzelle 1
b = Gegenzelle 2
c = spannungsabhängige Schalteinrichtung 1 mit Kontakt c_1
d = spannungsabhängige Schalteinrichtung 2 mit Kontakt d_1
f = vom Gleichstromerzeuger
g = zur Wahlanlage.

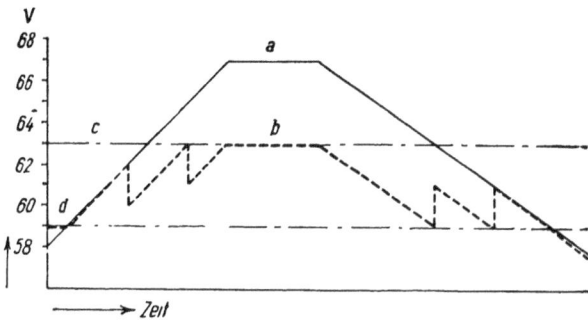

Bild 64. Spannungsverlauf der Anordnung Bild 62.

a = Batteriespannung
b = die der Wahlanlage zugeführte Spannung (c = oberste, d = unterste Grenze).

Auf diese Weise ist es möglich, Wahlsysteme im Pufferbetrieb zu speisen, deren Spannungsgrenzen besonders eng sind.

In Bild 65 ist eine tragbare Gegenzellenbatterie mit Kurzschluß-schaltern gezeigt, wie sie in Wähl-anlagen bisweilen gebraucht werden, wo nur eine Batterie vorhanden ist, um diese einmal gründlich z. B. nach langen und häufigen Netzausfällen oder nach einem Fehler in der Pflege nachzuladen. Bei dieser Aufladung erreicht die Batterie eine für Wähl-anlagen unzulässig hohe Spannung, die durch die Gegenzellenbatterie gemindert werden kann, je nach der Zahl der nicht kurzgeschlossenen Gegenzellen.

Bild 65. Gegenzellenbatterie mit Kurz-schlußschaltern (tragbar).

2. Einrichtungen zur Erzeugung der für den Betrieb von Wählanlagen notwendigen Wechselströme

In Wählanlagen wird der anrufende Teilnehmer durch verschiedene Hörzeichen über den Fortgang der Herstellung seiner Verbindung unterrichtet: Er erhält von der Wähleinrichtung das Wählzeichen (Amtszeichen), wenn er nach Abheben des Handapparates mit der Nummernwahl beginnen darf. Sind bei Aufbau der Verbindung alle Eingänge einer Wahlstufe belegt oder ist der gewünschte Teilnehmer besetzt, erhält er das Besetztzeichen; ist jedoch der gewünschte frei, erhält dieser Rufstrom, der den Wecker seiner Sprechstelle betätigt. Im gleichen Takt wird dem Anrufenden das Rufzeichen übermittelt als Bestätigung, daß der gewünschte Teilnehmer gerufen wird.

Die in Deutschland verwendeten Zeichen sind folgende:

> Wählzeichen (Amtszeichen): 450 Hz im Takt des Morsezeichens a oder s (Morse-a in öffentlichen Ämtern, Morse-s in Nebenstellenanlagen).
>
> Besetztzeichen: 150 Hz Dauerton; in Zukunft auf Empfehlung des CCIF: 450 Hz im Takt des Morsezeichens e[1]).
>
> Rufzeichen: 450 Hz im Takt des Rufes.
>
> Ruf: 25 Hz im Takt: 1 s Ruf, 9 s Pause, 1 s Ruf usw. oder kürzere Pausen.

Neben diesen Zeichen sind im Ausland bisweilen noch andere Zeichen eingeführt, z. B. number unobtainable tone s. S. 123. Es besteht dann die Gefahr, daß für den Teilnehmer bei der Vielzahl der Zeichen eine Unterscheidung nicht mehr möglich ist.

Das Wählzeichen (Amtszeichen) wird in öffentlichen Wählanlagen im Takt des Morsezeichens a übermittelt, während in Nebenstellenanlagen das Morsezeichen s vorgeschrieben ist. Auf diese Weise kann der Nebenstellenteilnehmer unterscheiden, ob er mit der Nummernwahl in seiner Wählnebenstellenanlage beginnen kann und wann er nach Erreichen des öffentlichen Wählamtes nach Erhalt dessen Wählzeichens mit der Nummernwahl in diesem Amt fortfahren darf.

Die aufgeführten Zeichen werden erzeugt in Ruf- und Signalmaschinen, die in den Wählanlagen untergebracht sind. Sie bestehen aus Einankerumformern (Bild 66) verschiedener Größe (2, 2,5, 5, 8, 15, 60 VA) je nach der geforderten Rufstromleistung, die durch die Teilnehmerzahl der Wählanlagen bestimmt ist. Allgemein werden heute Einankerumformer verwendet, die aus den Wähleramtsbatterien gespeist werden. Dem Anker wird der Gleichstrom über einen Kollektor zugeführt, während der Rufstrom (25 Hz) über Schleifringe abgenommen

---

[1]) CCIF befürwortet die Verwendung von nur rhythmisch verschiedenen Zeichen mit 450 Hz.

wird. Die Ankerwicklung ist entweder für die Gleich- und Wechselstromseite gemeinsam (echter Einankerumformer) oder aber beide Wicklungen
sind galvanisch getrennt (unechter Einankerumformer). Meist wird
durch einen zusätzlichen Transformator die Rufspannung bei öffent-

Bild 66. Ruf- und Signalmaschine; 15 VA Rufstromleistung.
(Schutzkappe von den Nockenkontakten abgenommen)

lichen Wählanlagen auf etwa 60...90 V, bei Nebenstellenanlagen auf etwa
30...60 V umgespannt. Die Frequenzen 150 und 450 Hz werden meist
induktiv erzeugt. Auf der Ankerwelle befinden sich Polräder mit entsprechender Zahnung, die Summerwicklungen auf besonderen gleich-
stromerregten Polen beeinflussen. Bei einer anderen Ausführung sind
die Summerwicklungen in den Hauptpolen der Einankerumformer
untergebracht und werden unmittelbar von dem besonders unterteilten
Anker beeinflußt. Von der Umformerachse wird über ein Untersetzungs-
getriebe eine Achse mit verschiedenen Nockenscheiben angetrieben.
Diese Nockenscheiben tragen auf ihrem Umfang verschiedene Nocken,
die bei den größten Maschinen bis etwa 22 Kontakte in dem für die
verschiedenen Zeichen benötigten Takt betätigen.

Im allgemeinen werden in jeder Wählanlage zwei Ruf- und Signalmaschinen verwendet, von denen eine Maschine als Ersatzmaschine in
Bereitschaft steht und bei Ausfall der Betriebsmaschine durch eine selbsttätige Umschalte- und Überwachungseinrichtung in Betrieb genommen
wird. Die Umschaltung ist entweder abhängig von einem Rufstrom-
überwachungsrelais, so daß alle Störungen, wie Schadhaftwerden von
Sicherungen oder Wicklungen, erfaßt werden, oder von einem Stillstandskontakt. Wo in kleinen Wählanlagen nur eine Maschine verwendet
wird, ist die Bereithaltung einer Ersatzmaschine gemeinsam für mehrere
Anlagen ratsam.

Die Auswechslung der Maschinen ist einfach, da alle Verbindungen
über Leisten mit Messerkontakten geführt werden. Die Maschinen werden im allgemeinen mit den dazugehörigen Umschalteeinrichtungen in

Gestellen oder Rahmen im Zuge der Wähler- und Relaisgestelle untergebracht (Bild 67). Im allgemeinen wird die Betriebsmaschine bei Belegung eines I. Gruppenwählers angelassen und läuft, solange eine Gesprächsverbindung besteht.

Bild 67. Unterbringung der Ruf- und Signalmaschinen in den Gestellreihen der Wahlanlagen (mit selbsttätiger Umschalteinrichtung).

Im Gegensatz zu früher werden heute in Deutschland nur Maschinen verwendet, die von den Wählanlagenbatterien gespeist werden.
Die Gründe, die hierzu geführt haben, sind folgende:

Bei Speisung aus Wechselstromnetzen werden die Maschinen um-
fangreicher, da Motorgeneratoren verwendet werden müssen. Ferner
sind die Netzspannungen und Stromarten örtlich verschieden, so daß
eine Vereinheitlichung nicht möglich war. Auch ist oft mit starken

Netzspannungsschwankungen zu rechnen, die die Tonhöhe der Summer beeinflussen. Die Speisung der Erregung für die Ruf- und Summerwicklungen muß doch der Batterie entnommen werden, so daß die Stromentnahme aus der Batterie bei Verwendung von batterieangetriebenen Umformern nur unwesentlich höher ist. Das Vorhandensein wenigstens einer batterieangetriebenen Maschine war notwendig, um bei Netzausfall den Betrieb aufrechterhalten zu können.

Die Stromzuführungsleitungen von den Batterien zu den Ruf- und Signalmaschinen sind grundsätzlich von der Schalttafel aus wegzuführen, um eine Entkoppelung der Sprechstromkreise und der Antriebsstromkreise der Ruf- und Signalmaschinen zur Vermeidung von Kollektorgeräuschen zu erhalten (Bild 86). Meist sind Drosseln in diese Leitungen zu legen.

Die Größe der Ruf- und Signalmaschinen ist bestimmt durch den Bedarf an Rufstrom einer Wählanlage. Überschläglich kann damit gerechnet werden, daß für einen Ruf etwa 0,5...1,2 VA je nach dem Wählsystem benötigt werden. Zur besseren Ausnutzung der Maschinen werden größere Wählanlagen in Gruppen unterteilt, für die der Ruf zeitlich verschoben ist. Für die Erzeugung des Ruftaktes sind daher mehrere Nockenscheiben auf den Maschinen vorhanden, die zeitlich z. B. um 1 s gegeneinander versetzt sind, so daß immer nur einer Gruppe Rufstrom zugeführt wird. Infolge dieser Aufteilung können z. B. Maschinen mit einer Rufleistung von 15 VA Wählanlagen mit 3...4000 Teilnehmeranschlüsse speisen.

Um zu vermeiden, daß der anrufende Teilnehmer nach Herstellung einer Gesprächsverbindung im ungünstigsten Fall erst nach etwa 9 s das Freizeichen bekommt, ist allgemein der sog. erste Ruf eingeführt worden, der unmittelbar nach Durchschaltung der Verbindung dem gerufenen Teilnehmer einen Rufimpuls und dem anrufenden Teilnehmer ein entsprechendes Rufzeichen übermittelt. Nach diesem ersten Ruf setzt der oben erwähnte Ruftakt ein.

In kleineren Wählanlagen werden vielfach Polwechsler verwendet. Aus betrieblichen Gründen werden diese heute im allgemeinen durch Ruf- und Signalmaschinen ersetzt.

Für die Fernwahl werden bei Wählanlagen mit Wechselstromwahl Frequenzen von 50, 100, 150 Hz, bei Wählanlagen mit Tonfrequenzwahl 600, 750 Hz benötigt. Die Frequenz von 50 Hz wird allgemein dem Netz entnommen. Bei dessen Ausfall wird selbsttätig mittels einer Umschalteeinrichtung ein batteriegespeister Umformer eingeschaltet, der bei Wiedereinsetzen des Netzes abgeschaltet wird. Die Frequenz von 100 Hz kann zwei Umformern (Betriebs- und Ersatzmaschine), deren Betrieb und Aufbau ähnlich dem von Ruf- und Signalmaschinen ist, oder dem Netz mittels Frequenzwandlern (Netzbetrieb) oder Röhrengeneratoren entnommen werden. 150 Hz wird durch Aussiebung aus 50 Hz erzeugt.

Bild 68 zeigt einen Rahmen für die Erzeugung von tonfrequenten Wechselströmen 600 und 750 Hz für Tonfrequenzwahl. Eine Relaisumschalteeinrichtung besorgt bei Störungen die Umschaltung von der Betriebs- auf die Ersatzmaschine. Die Umschaltung geschieht in Abhängigkeit von einem Stillstandskontakt. Da diese Maschinen mit einer Genauigkeit von etwa $\pm 1\%$ laufen müssen, ist eine Drehzahlregelung durch Fliehkraftregler vorhanden. Im Gegensatz zu Ruf- und Signalmaschinen laufen diese Maschinen dauernd.

Zur Erzeugung einiger der genannten Frequenzen können auch Wechselrichter eingesetzt werden.

Bild 68. Rahmen mit zwei Tonfrequenzmaschinen und einer Relaisschiene für selbsttätige, wechselweise Umschaltung von der Betriebs- auf die Ersatzmaschine.

3. Einrichtungen zur Prüfung des Betriebszustandes von Stromversorgungsanlagen

Die Überwachung und Prüfung des Betriebszustandes von Stromversorgungsanlagen erstreckt sich im allgemeinen darauf, festzustellen, ob die erforderlichen Spannungsgrenzen eingehalten werden und ob ferner der benötigte Lade- oder Pufferstrom fließt.

Die Überwachung der Spannungsgrenzen wird mit spannungsabhängigen Schalteinrichtungen vorgenommen, die bei Überschreiten der oberen oder unteren Grenzen Signal geben, wozu im besonderen Kontaktvoltmeter geeignet sind.

Die Überwachung des Lade- oder Pufferstromes geschieht bei größeren Stromversorgungsanlagen, bei denen Maschinen als Stromerzeuger verwendet werden, mittels Unterstromschalter: Fällt der Strom infolge Ausbleibens des Netzes oder irgendeines Fehlers der Umformer auf einen bestimmten unteren Wert ab, öffnen diese Schalter den Ladestromkreis, um eine Entladung der Batterien über die Generatoren zu verhindern. Ein Hilfskontakt dieser Schalter betätigt einen Alarm.

Bei Stromversorgungseinrichtungen mit Pufferbetrieb können verschiedene Mittel zur Überwachung des Ladestromes angewendet werden. Das einfachste besteht darin, im Ladestromkreis ein Relais vom Pufferstrom durchfließen zu lassen, das bei Fließen angesprochen ist und bei Aussetzen abfällt. Gewisse Schwierigkeiten ergeben sich dadurch, daß bei Pufferbetrieb, im besonderen bei der selbstregelnden Dauerladung, die Pufferstromstärke in weiten Grenzen entsprechend dem Strombedarf der Wählanlagen schwankt und daß infolgedessen die Überwachungsrelais für große Stromunterschiede bemessen sein müssen. Auch beeinflußt die durch diese Relais bewirkte Erhöhung des Ladeleitungswiderstandes die Stromspannungskennlinie der Gleichrichter mit selbstregelnder Dauerladung ungünstig.

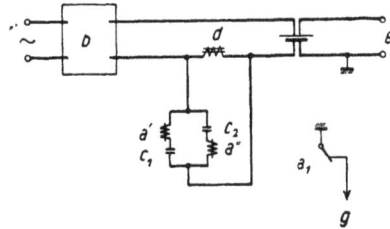

Bild 69. Schaltung einer Ladestromüberwachungseinrichtung.

a', a'' = Wechselstromrelais mit Kontakt a_1
c_1, c_2 = Kondensatoren
b = Gleichrichter
d = Glättungsdrossel
e = zur Wählanlage
g = Alarm.

Eine Einrichtung, die in den letzten Jahren vielfach eingeführt ist, ist in Bild 69 gezeigt[1]). Sie besteht aus einem Wechselstromrelais, das auf die an der Glättungsdrossel z. B. eines Gleichrichters auftretenden und auszusiebenden Oberwellen abgestimmt ist. Diese Überwachung meldet den Ausfall des Pufferstromes infolge aller nur möglichen Fehlerursachen.

Bei Ladeeinrichtungen, die aus einem Gleichstromnetz laden oder in denen keine Glättungsdrosseln vorhanden sind, ist eine Überwachung der Ladung nur mit Relais möglich, die im Ladestromkreis liegen.

Bei Stromversorgungsanlagen, die ständig mit Überwachungspersonal besetzt sind, ist im allgemeinen lediglich die Überwachung der Spannungsgrenzen nötig, die mittels Kontaktvoltmetern geschehen kann. Bei Anlagen, die nicht ständig durch Personal überwacht werden, also bei Wählanlagen, die nur zur Pflege oder infolge eines zum Hauptamt übermittelten Störungssignals aufgesucht werden, ist folgender Störungsmeldebetrieb vielfach eingeführt: Grundsätzlich kann ein Versagen der Stromlieferung genau so gemeldet werden, wie andere Störungsfälle in der Wählanlage. Der Ausfall des Pufferstromes infolge Aussetzens des Netzes kann im allgemeinen in der Meldung zurücktreten hinter schwerwiegenderen Störungen, z. B. Durchbrennen einer Hauptsicherung. Das überwachende Personal im Hauptamt kann durch Anruf im versorgenden Elektrizitätswerk die Dauer des Ausfalles der Netzspannung feststellen. Die Übermittlung der Störungsmeldung zum Hauptamt kann über Sprechadern geschehen.

[1]) DRP. 602 224.

Zur Überprüfung einer Wählanlage ist die Verwendung des sog. automatischen Teilnehmers angebracht. Diese selbsttätige Durchschalt- und Antworteinrichtung ist im zu überwachenden Wählamt wie ein Teilnehmer angeschlossen. Wird sie zur Überprüfung der Wählanlage angerufen, schalten einige Relais nach dem zweiten Ruf die Sprechleitungen so durch, als ob ein angerufener Teilnehmer abhebt. Es werden nun verschiedene Hörzeichen durchgegeben, die den Zustand von Hauptsicherung usw. anzeigen. Hier wird auch ein Zeichen zum Kenntlichmachen des gestörten Puffervorgänges übermittelt. Das jeweils wichtigste Zeichen wird durchgegeben. Ist z. B. eine Hauptsicherung schadhaft, hört die überprüfende Person ein bestimmtes Zeichen als Kennzeichen für den Hauptalarm. Wird dagegen z. B. Dauersummen übertragen, ist das das verabredete Zeichen dafür, daß das Amt in Ordnung ist und keine Störung vorliegt. Der Vorteil dieses automatischen Teilnehmers besteht darin, daß das Überwachungspersonal von jeder Sprechstelle in kürzester Zeit z. B. alle Wählanlagen seines Bereiches durchprüfen kann.

Für die Überwachung der Ruf- und Signalmaschinen hat man sich darauf beschränkt, ein Signal zu bringen, wenn eine der beiden Maschinen ausfällt.

4. Stromversorgungseinrichtungen für Luftschutz-fernsprechanlagen

Für Luftschutzfernsprechanlagen (7) ist aus Zweckmäßigkeitsgründen grundsätzlich die Handvermittlung zur Herstellung von Gesprächsverbindungen eingeführt. Die Wichtigkeit geeigneter Stromversorgungseinrichtungen rechtfertigt, in diesem Rahmen die mannigfaltigen Forderungen, die an solche Anlagen im Ruhe- und Betriebszustand gestellt werden, zu behandeln.

Die Hauptforderung, die man für Entwurf, Aufbau und Betrieb zu beachten hat, ist größte Betriebssicherheit. Die Stromversorgungsanlage muß also für einen überraschenden Gefahrenfall in völliger Bereitschaft und in Unabhängigkeit von dem Netz zur Verfügung stehen, wobei eine ganz bestimmte Betriebsdauer sichergestellt sein muß.

Eng verbunden mit der Forderung der Betriebsbereitschaft ist die Forderung nach gesicherter Unterbringung der Batterien, wobei die Größe der Luftschutz-Fernsprechanlagen und damit die Größe der Stromversorgungsanlage wesentlich sind. Anlagen bis etwa 30 Anschlüsse, bei denen Sammler Verwendung finden, können mit Batterien in Holzkästen ausgerüstet werden, die in den Befehlsräumen Platz finden. Bei großen Batterien wird man zweckmäßig besondere Räume mit entsprechender Be- und Entlüftung vorsehen.

Der Betrieb einer solchen Stromversorgungsanlage soll grundsätzlich einfach sein. Es müssen Kräfte zur Verfügung stehen, die die Anlage aus normalen Zeiten bereits kennen, um sie im Gefahrenfalle mit genügender Sicherheit bedienen zu können. Unter Umständen muß aber auch ein nicht mit der Anlage Vertrauter nach einer kurzen Anlernzeit den Betrieb aufrechterhalten können.

Nach Betrachtung dieser Forderungen ist es möglich, die zur Verfügung stehenden Stromversorgungseinrichtungen zu bewerten und zu entscheiden, welche Einrichtungen grundsätzlich geeignet oder in besonderen Fällen zu wählen sind.

Als Stromquellen stehen die in Abschnitt II behandelten Primärelemente und Sammler zur Verfügung.

Das Bedürfnis, eine tragbare Stromquelle zu besitzen, z. B. in Form von Trockenelementen, ist in einzelnen Sonderfällen vorhanden. Trokkenelemente sind jedoch infolge ihres hohen inneren Widerstandes in ihrer Spannung wenig konstant. Sie vertragen im allgemeinen keine langen Lagerzeiten und sind infolgedessen nicht als Stromquellen geeignet, von denen eine stete Einsatzbereitschaft gefordert werden muß. Sie stehen den Sekundärelementen nach.

Um eine Entscheidung zu treffen, welche Sammler (Blei- oder Stahlsammler) für die Stromversorgung in Luftschutzanlagen zu wählen sind, ist folgende Überlegung zugrunde zu legen: Wie erwähnt, ist größte Betriebssicherheit die grundlegende Forderung. Eine Einrichtung, die dauernder Pflege und Beobachtung bedarf, genügt dieser Forderung insofern, als durch die dauernde Wartung die verantwortlichen Stellen stets von ihrem Zustand unterrichtet sind. Eine Einrichtung hingegen, die in der Wartung eine Zeitlang anspruchslos ist, nach dieser Zeit jedoch in ihrem Einsatzwert sinkt, führt dazu, die dauernde Beobachtung zu vernachlässigen. Im Gefahrenfalle geschieht dann der Einsatz in einem Zustand, der den Anforderungen keineswegs genügt. Es sollten darum mit Vorzug Batterien verwendet werden, die dauernd im Betrieb und unter Wartung stehen.

Bei großen Anlagen können bereits vorhandene und im Betrieb stehende Batterien, z. B. einer Werksfernsprechzentrale, die Speisung der Luftschutzanlagen übernehmen. Hierbei ist Voraussetzung, daß die Unterbringung dieser Batterien den besonderen Forderungen auf Sicherheit entspricht. Die Umschaltung auf die Luftschutzfernsprechanlage muß von Hand stattfinden.

Allgemein kann zusammenfassend gesagt werden, daß mit Vorzug der Bleisammler mit positiven Großoberflächenplatten in Frage kommt. Es muß aber von Fall zu Fall eine genaue Überprüfung des geplanten Betriebes vorgenommen werden, wobei dann die Entscheidung einer Verwendung von Bleisammlern oder Stahlsammlern gefällt wird.

Für die Größe der Batterien und für die Ladeeinrichtungen sind maßgebend:

a) die Zahl der Sprechstellen, die Zahl der Verbindungsmöglichkeiten der Luftschutzzentrale und die Belegungsdauer,

b) der Stromverbrauch sämtlicher Signaleinrichtungen, Wecker usw., die von diesen Batterien gespeist werden,

c) der Stromverbrauch von Notbeleuchtungs- und Hinweislampen, die im Befehlsraum und in den Schutzräumen, unter Umständen auch auf Fluren usw., untergebracht sind.

Als Lade- und Puffereinrichtungen stehen die in der Fernsprechwähltechnik üblichen Ausführungen zur Verfügung. Die zu verwendende Einrichtung einschließlich Batterie muß sowohl bei Gleich- als auch bei Wechselstromnetzen den auftretenden Strombedarf decken können, der im Notfalle auftritt. In der übrigen Zeit soll die Pufferung der Luftschutzbatterien mit einem kleinen Ladungserhaltungsstrom fortgesetzt werden, wobei ein Gleichstromerzeuger, der entsprechend dem oben angegebenen Höchstbedarf im Notfalle ausgebildet ist, einen schlechten Wirkungsgrad haben würde. Für die Erhaltung eines hohen Batterieladezustandes (die Batterie wird in normalen Zeiten ja nur bei Übungen in Anspruch genommen), genügt der Ladungserhaltungsstrom (s. S. 28). Hierzu kann bei Wechselstromnetzen ein kleiner Trockengleichrichter mit geringer Stromstärke gewählt werden. Im Notfalle wird dann mittels eines Umschalters auf den für den Betrieb vorgesehenen Trockengleichrichter umgeschaltet. Bei Ladegeräten für Gleichstromnetze wird dem für den Betrieb vorgesehenen Widerstand noch ein weiterer Widerstand vorgeschaltet, der den Lade- oder Pufferstrom auf den Ladungserhaltungsstrom herabsetzt, so daß dem Netz nur ein geringer Strom entnommen wird.

Neben diesen Stromquellen sind von besonderer Wichtigkeit die tragbaren und ortsfesten Stromerzeuger. Kleine Batterien werden mit diesen Stromerzeugern geladen oder gepuffert. Der Stromerzeuger liefert dann Gleichstrom. Besondere Bedeutung haben jedoch diese Stromerzeuger für alle die Fälle, bei denen neben der Stromlieferung für die Fernmeldeanlagen auch noch eine Stromlieferung für Notlicht oder Kraftanlagen benötigt wird. Dann ist der Stromerzeuger für die Stromart des Netzes vorzusehen. Bei dieser Art des Netzersatzes besteht die Möglichkeit, vorhandene Lötkolben im Notfalle benutzen zu können (s. Netzersatzanlagen S. 88).

Tragbare Maschinensätze ermöglichen den schnellen Einsatz von Kommandostellen aus, so daß nicht jede Luftschutzzentrale mit einem Maschinensatz ausgerüstet sein muß. Auf geringes Gewicht der Maschinensätze muß besonderer Wert gelegt werden.

Die Überwachung, ob die Stromversorgung einer Luftschutzbatterie durch das Ladegerät ausreichend ist, wird durch Messung der Batteriespannung und der Säuredichte vorgenommen.

Um bei Schadhaftwerden oder Ausfallen des Netzes sämtliche wichtigen Räume, besonders die Befehlsstelle, mit Notlicht versorgen zu können, ist es wichtig, Notbeleuchtungs- und Hinweislampen u. ä. anzubringen, die u. U. von der Luftschutzbatterie gespeist werden.

5. Einrichtungen zur Gleichhaltung schwankender Netzspannungen

Bei jedem von einem Netz gespeisten Gleichstromerzeuger ist das Gleichbleiben der von diesem abgegebenen Leistung abhängig von den mehr oder weniger großen Spannungsschwankungen des Netzes, wenn nicht besondere Gegenmaßnahmen getroffen werden. Bei allen Fernsprechwähleinrichtungen, die mit Pufferbatterien oder über Netzanschlußgeräte gespeist werden, wirken sich über ein bestimmtes Maß hinausgehende Netzspannungsschwankungen dahin aus, daß die mit Rücksicht auf ein einwandfreies Arbeiten der Anlagen geforderten Spannungsgrenzen nicht eingehalten werden können, so daß Störungen im Betrieb auftreten. Lang anhaltende Netzspannungserhöhungen wirken sich bei Pufferbetrieb in einer Überhöhung der Spannungsgrenzen aus und führen zu Überladungen der Batterien, während durch Spannungsminderungen die zulässigen Spannungsgrenzen unterschritten und die Batterien entladen werden, so daß bei einem Netzausfall die Batterien nicht mehr den erforderlichen Arbeitsinhalt besitzen. Die Größe der Netzspannungsschwankungen in öffentlichen Netzen ist örtlich verschieden und kann in Großstädten mit etwa $\pm5\%$, in Kleinstädten und auf dem Lande mit etwa $\pm10\%$ angenommen werden.

Um sich über die Auswirkung von Netzspannungsschwankungen auf eine Stromversorgung mit Einbatteriebetrieb ein Bild zu machen, muß der zeitliche Verlauf der Schwankungen über mehrere Tage festgestellt werden.

Im allgemeinen treten die Schwankungen an den Wochentagen zu gleichen Stunden und in etwa gleicher Höhe auf, so daß über diese Tage ein gleichmäßiger Spannungsverlauf ermittelt werden kann, aus dem eine mittlere Spannung erkennbar ist. Für diese mittlere Spannung muß das Puffergerät eingestellt werden: Die Trägheit der Batterie gleicht die auftretenden Pufferstromerhöhungen oder -minderungen aus, so daß die geforderten Spannungsgrenzen eingehalten werden können.

Außergewöhnlich hohe, das sind etwa die angegebenen Werte übersteigende oder völlig unregelmäßige Netzspannungsschwankungen können durch Netzspannungsgleichhalter, die den Gleichrichtergeräten vorgeschaltet werden, in bestimmten Grenzen ausgeglichen werden. Es werden darunter magnetische Spannungsregler verstanden, die wartungslos ohne bewegliche Teile arbeiten.

Sie bestehen aus zwei Eisendrosseln und einem Kondensator (Bild 70), die bis zu Ausgangsleistungen von etwa 1100 VA (veränderliche Belastung) in Blechgehäusen untergebracht sind. Als Regelglied wird eine gesättigte Drossel St angewendet, deren Blindstromaufnahme steil bei Netzspannungserhöhungen ansteigt. An der Erstwicklung V der Luftspaltdrossel und durch die zusätzliche Wirkung der Zweitwicklung G treten Spannungsabfälle bzw. Gegenspannungen auf, die die Netzspannungs-

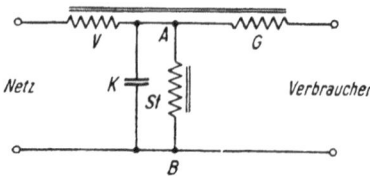

Bild 70. Schaltung des magnetischen
Spannungsgleichhalters.

Bild 71. Magnetischer Spannungsgleichhalter.
220 V, 250 VA. Geöffnet

schwankungen ausgleichen. Durch Parallelschaltung eines Kondensators zur Drossel St wird u. a. die Scheinleistungsaufnahme der Geräte wesentlich verringert gegenüber einer Ausführung ohne Kondensator. Der Einfluß von netzseitigen Frequenzschwankungen kann unbeachtet gelassen werden, da die Frequenz der speisenden Netze heute als praktisch gleichbleibend angesehen werden kann.

Bild 71 zeigt die Innenansicht eines Spannungsgleichhalters für 220 V Netzspannung und 250 VA Leistung. Mit diesen Geräten können bei annähernd konstanter Frequenz und Widerstandsbelastung zwischen Leerlauf und Vollast Netzspannungsschwankungen von $\pm 15\%$ auf $\pm 1\%$

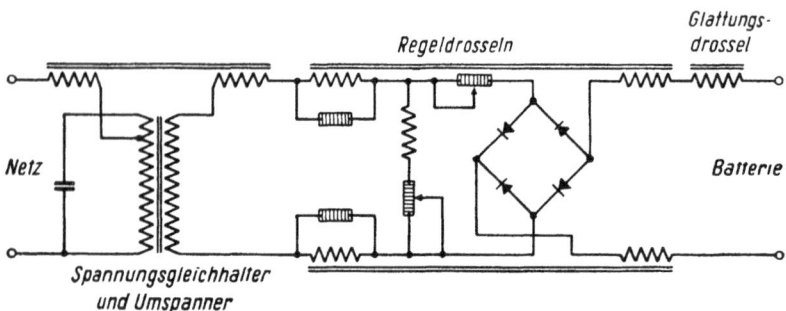

Bild 72. Schaltung eines Trockengleichrichtergerates für Pufferbetrieb mit Netzspannungsgleichhalter.

ausgeregelt werden. Bei gemischter Last sind die Verhältnisse ähnlich.

· Der Wirkungsgrad bei Nennlast beträgt etwa 75...90% (je nach Größe der Geräte). Bei Halblast sinkt er um etwa 10% auf etwa 60...75%. Der Leistungsfaktor ist bei Wirklast etwa 0,7.

Die Verluste bei Leerlauf und Vollast sind annähernd gleich wegen der vorwiegenden Leistungsaufnahme der Drossel St. Es ist deshalb angebracht, Spannungsgleichhalter mit dem Verbraucher ein- und auszuschalten. Die Regelung der Netzspannungsschwankungen geschieht praktisch trägheitslos: Schwankungen von $-20\%...+15\%$ werden in etwa 30 ms ausgeglichen. Bei der unmittelbaren Verbindung eines Netzspannungsgleichhalters mit einem Trockengleichrichtergerät (Bild 72 und 73) wird der Gleichrichtertransformator durch den Spannungsgleichhalter ersetzt, so daß das Gerät die besonderen Eigenschaften des Gleichrichters (steile Kennlinie) und des Spannungsgleichhalters aufweist.

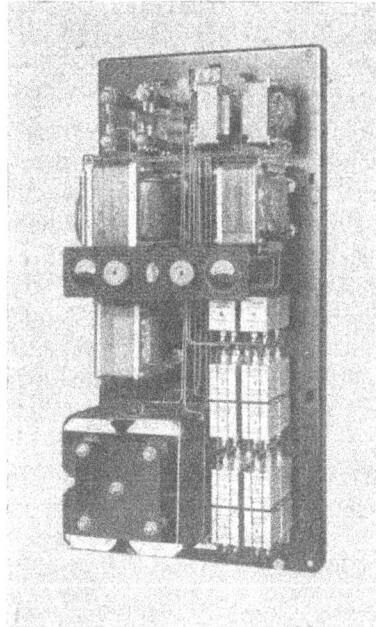

Bild 73. Trockengleichrichtergerät für Pufferung einer 36V-Batterie mit 6 A; mit Netzspannungsgleichhalter und Regelung durch gleichstromvormagnetisierte Drossel.

V. Netzanschlußgeräte zur batterielosen Speisung von Wählanlagen aus Wechselstromnetzen

Wie bei Batteriespeisung muß bei Netzanschlußbetrieb die Stromabgabe innerhalb bestimmter Spannungsgrenzen geschehen, wobei das Netzanschlußgerät für die Lieferung des höchstmöglichen Strombedarfs der Wählanlage ausgebildet sein muß, da ja eine Batterie zur Spitzendeckung fehlt. Der Höchststrombedarf einer Wähleinrichtung (s. Abschn. VIII 1) tritt auf, wenn sämtliche Verbindungswege gleichzeitig belegt werden und die Wählimpulse der rufenden Teilnehmer genau gleichzeitig ablaufen. Es kann jedoch damit gerechnet werden, daß der Vorgang in dieser Gleichzeitigkeit praktisch nicht eintritt, sondern daß der Ablauf der Wahl für die einzelnen Verbindungswege zeitlich verschoben ist.

Ferner tritt der Höchstbedarf bei folgenden Betriebsverhältnissen auf: Sind bei Eintritt einer Netzspannungsunterbrechung alle
Verbindungswege belegt, so werden die Wähler in ihrer Stellung ver-
bleiben, auch wenn die Teilnehmer ihre Handapparate infolge Unter-
brechung der Gespräche aufgelegt haben. Setzt die Netzspannung wieder
ein, werden die Wähler in ihre Ruhestellung zurücklaufen, d. h. es treten
gleichzeitig die Rücklaufstromstöße der Wähler auf. Diese Belastung
ist naturgemäß zeitlich sehr kurz, so daß Netzanschlußgeräte leistungsmäßig nicht dem entsprechend bemessen werden. Für die leistungsmäßige Bemessung ist der Stromverbrauch aller gleichzeitig herstellbaren
Verbindungswege maßgebend (s. Abschn. VIII 1). Netzanschlußgeräte
sind infolgedessen in der Anschaffung im allgemeinen nicht wesentlich
billiger als entsprechende Puffergleichrichter und dazugehörige Batterie
mit etwa eintägiger Kapazität. Die Aufbaukosten jedoch werden stets
geringer sein, da das Netzanschlußgerät keinerlei bauliche Leistungen
erfordert und z. B. unmittelbar neben der Wählerzentrale Platz finden
kann.

Netzanschlußgeräte bestehen aus einem Gleichrichter- und einem
Siebteil. Bei Netzen mit etwa gleichbleibender Spannungslage besteht der
Gleichrichterteil aus dem Netztransfor-
mator, dem Gleichrichter, in den meisten
Fällen einem Trockengleichrichter und
Regelanordnungen. Der Siebteil enthält
die zur Glättung des Gleichstromes not-
wendigen Induktivitäten nud Kapazitäten.
Die Einhaltung bestimmter Spannungs-

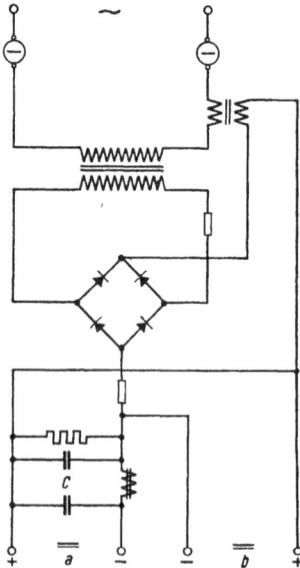

Bild 74. Schaltung eines
batterielosen Netzanschlußgerätes.

a = Anschluß für die Sprechstromkreise
b = Anschluß für die Wähler-
und Relaisstromkreise
c = Siebmittel.

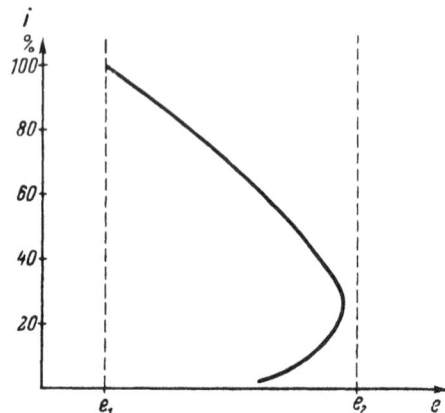

Bild 75. Stromspannungskennlinie von
batterielosen Netzanschlußgeräten.

e_1 = unterste Verbraucherspannung
e_2 = oberste Verbraucherspannung.

grenzen zwischen Leerlauf und Vollast wird erreicht durch Anwendung verschiedener Mittel, z. B. gleichstromvormagnetisierter Drosseln oder Resonanzkreise auf der Netzseite des Transformators. Bild 74 zeigt als Beispiel ein Schaltbild eines Netzanschlußgerätes zur Speisung einer 24 V-Wählanlage mit etwa 25 Teilnehmeranschlüssen. Der Spannungsverlauf in Abhängigkeit von der Belastung ist in Bild 75 dargestellt. Zur Vermeidung großer und teurer Siebmittel können die Ströme zur Betätigung der Relais und Wähler vor der Siebkette entnommen werden. Ledig-

Bild 76. Kleine Wahlanlage mit Netzanschlußgerat zur
batterielosen Speisung aus Wechselstromnetzen.

lich die Speiseströme für die Sprechstromkreise werden zur Beseitigung der Welligkeit über die Siebmittel geführt. Die Leerlaufaufnahme von Netzanschlußgeräten (wenn keine Belegung der Wähleinrichtungen stattfindet) ist im allgemeinen wegen der notwendigen großen Bemessung der Transformatoren erheblich. Sie läßt sich jedoch durch Anwendung besonderer Mittel herabsetzen, z. B. Einschaltung einer Drossel auf der Primärseite des Transformators oder Aufteilung des Transformators in einen Leerlauf- und einen Lasttransformator. Bei Beginn einer Belegung wird die Drossel kurzgeschlossen bzw. es wird auf den Lasttransformator umgeschaltet.

Bei Netzen mit stark schwankender Spannungslage wirken sich diese Schwankungen auf die Gleichstromseite aus, so daß zur Einhaltung der geforderten Spannungsgrenzen der Gleichrichterteil mit besonderen Einrichtungen zum Ausgleich der Netzspannungsschwankungen versehen werden muß (s. S. 83).

Bei kleinen Wählanlagen wird vielfach das Netzanschlußgerät in dem Gehäuse der Wähleinrichtung untergebracht (Bild 76).

Die wirtschaftlichen Fragen der Anschaffungs- und Betriebskosten werden in Abschn. VIII behandelt.

VI. Netzersatzanlagen

Zum Betrieb von Wählanlagen wird außer für die Speisung ihrer Stromversorgungsanlagen noch Netzstrom für Beleuchtung, Heizung, Lüftung, Staubsauger, Lötkolben u. ä. m. benötigt. Bei großen Wählanlagen kommen in vielen Fällen weitere Verbraucher hinzu, die nicht direkt zu der Wähleinrichtung gehören, jedoch mit ihr in Verbindung stehen oder zu ihrem Betrieb notwendig sind, z. B. Rohrpostanlagen, Lüftungseinrichtungen für Fernsäle, Klimaanlagen, Fahrstuhlantriebe usw. Vielfach sind große Wählämter mit Post-, Verstärker- oder Fernämtern gemeinsam in Gebäuden untergebracht, so daß die Fragen des Netzersatzes für die gesamten Verbraucher zusammen zu betrachten sind.

Ein Netzausfall trifft zunächst alle Stromverbraucher, mit Ausnahme der aus Batterien gespeisten. Aber auch diese werden bei längeren Ausfällen nach Erschöpfung der Batterien außer Betrieb fallen, so daß lediglich der Einsatz von Netzersatzanlagen eine Fortführung oder Wiederaufnahme des Betriebes durch Speisung aller betriebswichtigen Verbraucher ermöglicht.

Nach der Größe und Wichtigkeit der Wählanlagen und anderer angegliederter Verbraucher sind Netzersatzanlagen vorzusehen, wobei zu unterscheiden ist, ob die Einsatzmöglichkeit eines ortsbeweglichen Maschinensatzes genügt oder ob eine ortsfeste Netzersatzanlage notwendig ist. Für mehrere kleine Wählanlagen, z. B. einer Verwaltung, kann ein ortsbewegliches Aggregat zentral bereitstehen, das im Bedarfsfalle zu dem gestörten Amt befördert wird.

Für wichtige Anlagen sind ortsfeste Netzersatzanlagen vorzusehen: Kann bei einem Netzausfall ein kurzzeitiger Ausfall aller nicht aus Batterien gespeister Verbraucher in Kauf genommen werden, sind Netzersatzanlagen einzusetzen, die von Hand in Betrieb genommen werden. Notfalls werden vorab durch einen kleinen aus einer Amtsbatterie gespeisten Umformer, der bei Netzausfall selbsttätig anläuft, oder aus einer Amtsbatterie über ein Umschalteschütz Notlichtstromkreise versorgt. Ist jedoch ein derartiger Ausfall bis zur Lastabgabe durch den Netzersatzmaschinensatz nicht zulässig, sind vollselbsttätig anlaufende Maschinensätze vorzusehen, die in wenigen Sekunden die Stromversorgung übernehmen.

Grundsätzlich sollen Netzersatzanlagen mit Generatoren gleicher Stromart und Spannung ausgerüstet werden, wie die normal speisenden Netze, um einen möglichst umfassenden Netzersatz zur Verfügung zu haben. Die leistungsmäßige Bemessung hat dem im Notfall auftretenden Höchststrombedarf zu entsprechen, wobei unwichtige Stromverbraucher nicht berücksichtigt werden.

Ständige Einsatzbereitschaft, rasche Belastbarkeit und höchste Zuverlässigkeit sind die an Netzersatzanlagen allgemein zu stellenden Forderungen. Wirtschaftliche Gesichtspunkte müssen zurücktreten hinter denen der Betriebssicherheit.

1. Ortsbewegliche Netzersatzanlagen

Kleine Netzersatzanlagen mit einer Leistung bis etwa 1,5 kVA können tragbar, darüber hinaus bis etwa 80 kVA fahrbar ausgebildet werden. In Bild 77 und 78 sind tragbare Stromerzeuger mit einer Leistung von 600 VA und 1500 W dargestellt. Die zum Betrieb notwendigen Instrumente, Schalter und Regler sind in Schaltkästen untergebracht, die sich unmittelbar an den Maschinen befinden oder in der Nähe aufgestellt werden. In Bild 79 ist ein Wagen (Anhänger) gezeigt, auf dem

Bild 77. Tragbarer Stromerzeuger mit einem luftgekühlten Benzinmotor.
Leistung 0 6 kVA, 220 V, 50 Hz.

ein Maschinensatz von 23 kW Leistung mit Bedienungsschalttafel und Kabeltrommel untergebracht ist. Die Seitenwände werden bei Betrieb hochgeklappt und verschließen bei Ruhe den Maschinensatz.

Die Verbindungsleitungen zwischen den ortsbeweglichen Netzersatzaggregaten und den Verbrauchern können entweder aus beweglichen

Bild 78. Tragbarer Stromerzeuger mit einem luftgekühlten Benzinmotor und Bedienungspult.
Leistung 1,5 kW, 24—86 V

Kabeln bestehen oder werden fest verlegt bis zu Anschlußeinrichtungen (z. B. Klemmenkästen), zu denen die Ersatzmaschinensätze herangebracht werden. Liefern die Ersatzaggregate Gleichstrom, werden sie

Bild 79. Fahrbarer Stromerzeuger mit einem wassergekühlten Benzinmotor.
Leistung 23 kW.

genau wie Lademaschinen oder Gleichrichter geschaltet. Liefern sie Dreh- oder Wechselstrom, werden sie über einen Umschalter an Stelle des ausgefallenen Netzes an die Stromzuführung zu den Verbrauchern gelegt, wobei die im folgenden bei Behandlung der ortsfesten Netzersatzanlagen über die beiden Grundschaltungen dargelegten Gesichtspunkte zu beachten sind.

Bei den ortsbeweglichen Maschinensätzen ist auf folgendes besonderer Wert zu legen:

1. Geringes Gewicht.
2. Die Kühlung soll möglichst von Wasserleitungen unabhängig sein. Bei kleinsten Benzinmotoren wird vielfach Luftkühlung angewendet, während für größere Leistungen wassergekühlte Motoren mit Wabenkühler eingesetzt werden. Über die verschiedenen Arten der Kühlung s. S. 94.
3. Der Betrieb der Netzersatzaggregate bringt es mit sich, daß sie lange Zeit in Bereitschaft stehen, um dann mit großer Schnelligkeit eingesetzt zu werden. Da die Maschinen durch längeres Stehen ihre gute Schmierung verlieren, muß bei ortsbeweglichen und stationären Anlagen wenigstens alle 8 Tage ein Probebetrieb stattfinden.

2. Ortsfeste Netzersatzanlagen

Für die Planung ist zu entscheiden, ob die Ersatzanlage im Bedarfsfall die gesamte Verbraucherlast oder nur einen Teil übernehmen soll. Die beiden Grundschaltungen sind in Bild 80 und 81 gezeigt. Danach ist die Größe des Maschinensatzes zu bemessen. Wo der Notstrommaschinensatz zur Deckung der gesamten Verbraucherlast bemessen wird, kommt eine Anordnung nach Bild 80 in Frage. Bei Speisung aus dem öffentlichen Netz ist der Netzschalter geschlossen, der Maschinensatz ist abgeschaltet. Nach Inbetriebnahme des Netzersatzgenerators erfolgt die Stromversorgung über den Maschinenschalter bei geöffnetem Netzschalter.

Wenn die Ersatzmaschinengruppe nur für einen Teil der Verbrau-

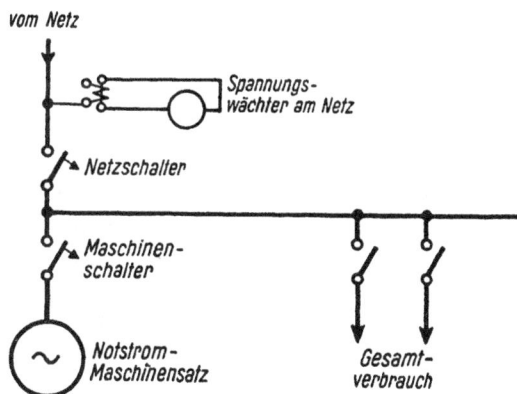

Bild 80 Grundsätzliche Schaltung einer Notstromanlage. Die Leistung ist für die Speisung aller Verbraucher ausgelegt.

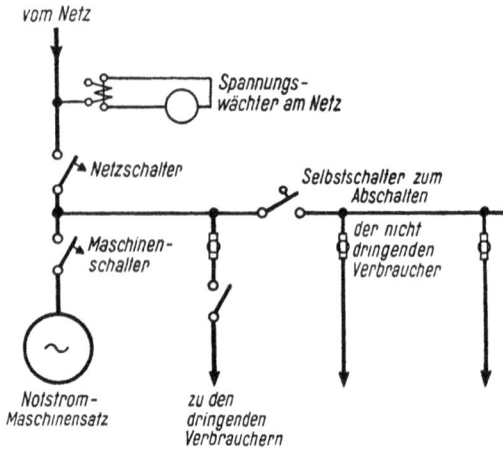

Bild 81   Grundsätzliche Schaltung einer Notstromanlage   Die Leistung ist nur für die Speisung der dringenden Verbraucher ausgelegt

cherlast ausgelegt wird, weil unwichtige Verbrauchergruppen während des Ausfalls der normalen Versorgung ohne Schaden außer Betrieb bleiben können, besteht die Möglichkeit, durch selbsttätige Abschaltung bei Wegbleiben der Spannung im Netz die erforderliche Entlastung der gesamten Anlage durchzuführen. Wo die wichtigen Verbraucher an besondere Speiseleitungen angeschlossen sind und schon beim Aufbau des Verbrauchernetzes eine Trennung der Speisung von den weniger wichtigen Anschlüssen durchgeführt wurde, besteht die einfache Möglichkeit, durch Spannungsrückgangs-Selbstschalter für verzögerte Auslösung die Speiseleitungen der unwichtigen Verbraucher abzuschalten. Die Schalter für diese selbsttätige Entlastung sind in der Stromversorgungszentrale in den Speiseleitungen anzuordnen. Das bietet die Gewähr, daß der Maschinensatz nicht durch willkürliches Zuschalten weiterer Verbraucher planlos überlastet wird. Ein weiterer Vorteil dieser Anordnung ist die Möglichkeit, daß der Wärter in der Verteilungsanlage weitere Stromkreise nach Wahl anschließen kann in Anpassung an die Höhe der gerade zugeschalteten dringenden Betriebslast und an die Leistungsgrenze des Notstromgenerators.

Die Anschaltung und Überwachung geschieht auf besonderen Netzfeldern der Schalttafel.

Für Leistungen über 10 PS werden heute fast ausschließlich Dieselmotoren benutzt.

Eine Form von Netzersatzanlagen für Wählämter, wie sie vielfach eingesetzt wurden, bevor der selbsttätig anlaufende Dieselmaschinensatz durchentwickelt war, bestand in einem Dieselmotor, der mit einem Gleichstrom- und einem Drehstromgenerator gekuppelt war. Der Gleichstromgenerator diente zur direkten Ladung der Amtsbatterien, während der Drehstromgenerator alle Wechsel- und Drehstromverbraucher speiste. Bei Netzausfall wurde der Diesel mittels des Gleichstromgenerators, der aus einer Amtsbatterie gespeist als Motor benutzt wurde, angeworfen. Diese Anlassung wurde vom Maschinenpersonal vorgenommen. Ein kleiner bei Netzausfall selbsttätig anlaufender batteriegespeister Umformer lieferte bis zur Lastabgabe des Diesels Strom für Notlichtkreise.

Das Anlassen und die Umschaltung der Drehstromverbraucher auf die Ersatzmaschinensätze nimmt stets einige Minuten in Anspruch.

Ein mit den Anlagen genau vertrautes Personal ist zum Betrieb notwendig. Überall dort, wo ein derartiger Netzausfall nicht stattfinden darf und wo geeignetes Personal zum schnellen Anlassen nicht zur Verfügung steht, werden vollselbsttätige Maschinensätze angewendet.

Auch bei Ausrüstung des Maschinensatzes für Bedienung von Hand wird schon ein bestimmter Aufwand an elektrischen Hilfsgeräten für die Betriebsführung und -überwachung erforderlich. Die Schaltausrüstung für selbsttätigen Betrieb unterscheidet sich von der für Handbedienung nur dadurch, daß der Netz- und der Maschinenschalter bei Selbststeuerung mit elektrisch oder druckluftbetätigten Antrieben versehen sein müssen. Der Aufwand an Meß- und Meldegeräten zur Betriebsüberwachung ist für beide Betriebsarten derselbe.

Der zusätzliche Bedarf an elektrischen Geraten, der für selbstgesteuerten Betrieb nötig ist, beschränkt sich auf einige Antriebe zum Steuern der Brennstoff- und Kühlwasserzufuhr, ferner auf die Einrichtungen zur selbsttätigen Überwachung der Betriebsbereitschaft sowie der dauernden Brennstoff-, Kühlwasser- und Schmierölversorgung, auf die Spannungswächter am normalen Versorgungsnetz und am Notstromgenerator, sowie einige Relais zum selbsttätigen Ordnen der Schaltfolge.

Allgemein wird auch bei der für selbsttatigen Betrieb ausgelegten Anlage die Möglichkeit der Bedienung von Hand eingerichtet.

Die Stromversorgung aus dem öffentlichen Netz wird bei selbstgesteuerter Notstromversorgung dauernd überwacht. Der Spannungswächter an der Speiseleitung der normalen Versorgung veranlaßt selbsttätig die Inbetriebsetzung der Maschinengruppe, wenn die Stromlieferung aussetzt. In wenigen Sekunden ist der Maschinensatz gleichfalls selbsttätig hochgefahren. Sobald der Generator auf Spannung gekommen ist, erfolgt das Zuschalten auf das Verbrauchernetz. Verschwindet die Störung, wird wiederum durch den Spannungswächter am normalen Versorgungsnetz das Stillsetzen des Notstrommaschinensatzes eingeleitet, wobei auch die gesamte Steuerausrüstung in ihre Ausgangslage und damit in Bereitschaft für den nächsten Bedarfsfall des Einsatzes zurückgeführt wird.

Neben dem Vorzug des schnellmöglichsten Inbetriebgehens der selbstgesteuerten Maschinenbereitschaft gewährleistet der Selbstanlauf auch die höchste Betriebssicherheit durch Unterbinden von Schalt- und Bedienungsfehlern, da jeder Vorgang erst abläuft, nachdem seine Zulässigkeit ausdrücklich durch eingefügte Abhängigkeitskontakte in den Steuerstromkreisen bestätigt ist.

Das auf S. 91 Gesagte über die anzuwendenden Grundschaltungen gilt auch für selbsttätige Maschinensätze. Die Netz- und Maschinenschalter werden als gesteuerte Schalter ausgebildet, so daß die Umschaltung der Last ebenfalls selbsttätig vor sich geht.

In allen Fällen empfiehlt es sich, sämtliche Anschlüsse motorischer Antriebe mit Spannungsrückgangsauslösung auszurüsten, damit sie sich bei Wegbleiben der Spannung des normalen Versorgungsnetzes selbsttätig abschalten und nach Einsetzen der Notstromlieferung wieder ordnungsgemäß angelassen werden müssen. Die gerade in Betrieb genommene Ersatzmaschinengruppe wird dann durch unnötig hohe Anfahrstromstöße nicht beansprucht.

Als Anlaßverfahren ist die elektrische (mit Anlaßmotor) und die Druckluftanlassung eingeführt. Im allgemeinen ist die Anfahrzeit und damit die Zeit bis zur Lastübernahme bei Druckluftanlassung kürzer als bei elektrischer Anlassung. Angewendet werden kann die Druckluftanlassung natürlich nur bei Motoren, bei denen infolge hoher Zylinderzahlen (mindestens 6) keine Totlage möglich ist. Elektrisches Anwerfen kommt im allgemeinen für Motoren mit Leistungen bis etwa 100 PS in Frage. Die grundsätzlichen Anordnungen der beiden Anlaßverfahren sind in Bild 82 und 83 dargestellt.

Der Aufbau und die Betriebssicherheit von Dieselanlagen ist in hohem Grade von der Wahl des Kühlsystems abhängig. Die Entscheidung, welches Kühlsystem den Vorzug verdient, ist nicht nur durch die Größe des Aggregates, sondern auch durch Abmessungen und Lage des Maschinenraumes sowie durch die Sicherheit der Kühlwasserzuleitung, durch Temperaturverhältnisse am Einbauort usw. bestimmt. Es wird unterschieden zwischen

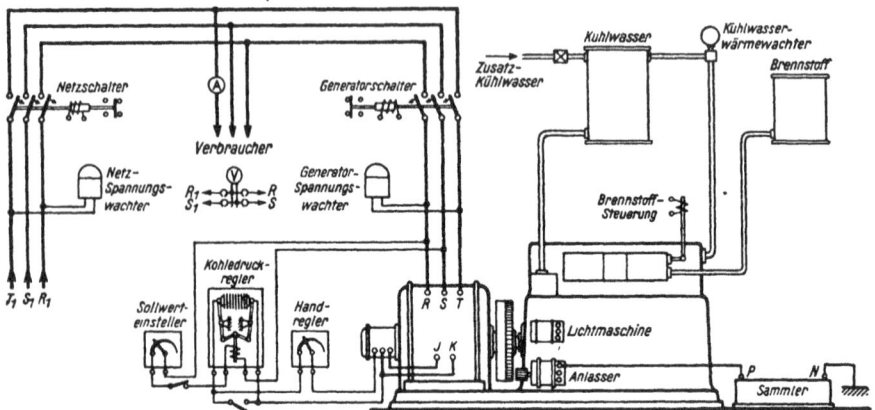

Bild 82. Grundsätzliche Darstellung einer vollselbsttätigen Diesel-Notstrom-Schnellbereitschaft mit elektromotorischem Anlaßverfahren.

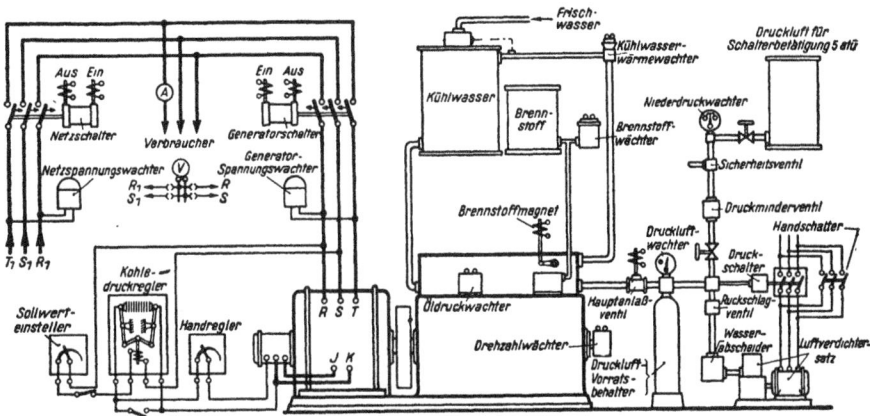

Bild 83. Grundsatzliche Darstellung einer vollselbsttatigen Diesel-Notstrom-Schnellbereitschaft mit Druckluftanlaßverfahren.

1. Durchflußkühlung,
2. Umlaufkühlung,
   a) Umlaufkühlung ohne Frischwasserzusatz,
   b) Umlaufkühlung mit geregeltem Frischwasserzusatz,
   c) Umlaufkühlung mit Wabenkühler und Lüfter,
3. Luftkühlung.

Die Durchflußkühlung erfordert vom Augenblick der Inbetriebsetzung bis zum Wiederstillsetzen des Maschinensatzes Frischwasser aus
einer Leitung. Es ist erforderlich, daß der Zufluß mit einem Mindest-
druck jederzeit sichergestellt ist. Da diese Forderungen nur bei Vorhandensein eigener Brunnenanlagen einzuhalten sind und ferner Frost-
gefahr im Winter und verminderter Wasserzufuhr im Sommer eine Ge-
fahrenquelle bilden, hat sich bei lebensnotwendigen Notstromversorgun-
gen die Umlaufkühlung durchgesetzt.

Die Umlaufkühlung ohne Frischwasserzusatz ist bereits wesentlich
betriebssicherer als die reine Durchflußkühlung. Ihre Anwendung ist
jedoch beschränkt, da bei größeren Maschinensätzen und langandauern-
dem Betrieb erhebliche Wärmemengen abgeführt werden müssen, die
sehr große Kühlwasserbehälter erforderlich machen, die in vorhandenen
Gebäuden selten frostsicher unterzubringen sind. Die Kosten für die
Unterbringung dieser großen Kühlwasserbehälter bei Neuanlagen, die
erforderlichen Rohrleitungen, die Pumpen und die Überwachungseinrichtungen verteuern die Anlagen, sobald es sich um große Maschinensätze handelt, erheblich. Die Errichtung von Kühlwassertürmen oder
sonstigen Werken für die Kühlung des Kühlwassers verbietet sich meist.

Bei Aggregaten mittlerer und großer Leistung hat sich die Umlaufkühlung mit geregeltem Frischwasserzusatz durchgesetzt, die den Not-

stromsatz weitgehend von der äußeren Frischwasserzufuhr unabhängig macht. Eine am Dieselmotor angebaute Kühlwasserpumpe treibt das Kühlwasser durch den Motor zu dem in den Kühlwasserkreislauf eingebauten mittelgroßen Kühlwasserbehälter zurück, wo es sich mit dem Frischwasserzusatz mischt, der automatisch eingeschaltet wird, sobald eine einstellbare Grenztemperatur überschritten ist. Bei Ausfall der Frischwasserversorgung kann das Notstromaggregat einige Zeit weiter arbeiten, und zwar um so länger, je größer der Kühlwasserbehälter ist.

Für kleinere und mittlere Aggregate ist, soweit es bauliche Verhältnisse erlauben, die Umlaufkühlung mit eingeschaltetem Wabenkühler sehr zweckmäßig. Die Wabenkühlung macht das Aggregat völlig unabhängig von der Frischwasserzufuhr, so daß lediglich der Verdampfungsverlust, wie bei reiner Umlaufkühlung, von Zeit zu Zeit ersetzt werden muß. Die einfachste Anordnung dieser Anlagen ist, wenn Motor und Kühler zusammen auf einem Fundament aufgebaut sind. Diese Ausführung erfordert jedoch relativ große Maschinenräume mit entsprechender Be- und Entlüftung zur Abführung der Wärme. Bei kleinen Maschinenräumen wird die Luftgeschwindigkeit im Raum so groß, daß Kanäle für die Zu- und Abluft erforderlich werden. In solchen Fällen wird der Wabenkühler vom Verbrennungsmotor getrennt und in einer Außenwand des Gebäudes aufgestellt. Die Lüfter erhalten dann elektromotorischen Antrieb. Zur Vermeidung eines Einfrierens des Kühlwassers während der Bereitschaft sind besondere Vorsichtsmaßregeln zu treffen.

Mit Rücksicht auf ein leichtes Anspringen der Motoren und zur Verhütung von Frostschäden ist bei wassergekühlten Aggregaten stets darauf zu achten, daß eine entsprechende Heizung vorgesehen wird.

Luftkühlung hat sich bei manchen Motorausführungen, hauptsächlich bei Benzinmotoren kleiner Leistungen, bewährt. Sie besitzt den Vorteil, im Betrieb wie auch im Stillstand keinerlei Wartung zu benötigen.

Auf gute Geräuschdämpfung und gute mechanische Schwingungsdämpfung gegenüber dem Boden ist zu achten.

Folgende Forderungen sind an vollselbsttätige Maschinengruppen zu stellen:

Der Ablauf der Anlaß- und Umschaltvorgänge muß schnell und zuverlässig vor sich gehen. An Schnelligkeit ist dabei die Selbststeuerung der Bedienung von Hand deswegen überlegen, weil das Schalten, Steuern, Überwachen und Regeln bei Selbstanlauf verschiedenen Hilfsgeräten übertragen ist, die gleichzeitig wirken, soweit es die Schaltfolge zuläßt, und sie ohne Verzögerung jede Maßnahme ergreift, sobald sie im Gesamtablauf erlaubt ist. Da die einzelnen selbsttätigen Schaltvorgänge voneinander abhängig sind, werden Schalt- und Bedienungsfehler, wie sie beim Anlassen und Umschalten von Hand möglich sind, vermieden.

Um bei nur kurzzeitigem Aussetzen (Spannungswischer) der normalen Versorgung eine Inbetriebnahme der Notstromgruppe zu vermeiden, wird der Befehl zu ihrem Anlauf nach Ablauf einer kurzen Verzögerung (1...4 s) erteilt.

Die selbsttätige Abschaltung und das Stillsetzen der Notstromanlage darf erst nach zuverlässiger Wiederkehr der Spannung des Netzes geschehen.

Ein Spannungsregler, der unabhängig von der Belastung für gute Spannungshaltung sorgt, ist im allgemeinen immer erforderlich.

Zum regelmäßigen Prüfen der Selbststeuereinrichtung auf einwandfreies Arbeiten hin müssen einfachste Vorkehrungen getroffen sein. Beim vollständigen Probelauf (mindestens alle 8 Tage), der genau so wie im praktischen Betriebsfall den selbsttätigen Einsatz der Schnellbereitschaft einschließlich Auslösen des Netzschalters und Zuschalten des Generators umfaßt, muß naturgemäß mit einem kurzzeitigen Unterbrechen der Stromversorgung gerechnet werden.

Die gesamte elektrische Betriebsausrüstung der Notstromschnellbereitschaft, bestehend aus allen Einrichtungen zum Schalten, Steuern, Regeln, Messen, Überwachen und Melden wird am zweckmäßigsten in einem allseitig geschlossenen, jedoch durch Türen gut zugänglichen

Bild 84. Selbstgesteuerter Diesel-Notstrom-Maschinensatz.
Leistung 170 kVA, 120 V.

Stahlbinderschrank staubgeschützt angeordnet. Unmittelbar von außen zugänglich bzw. sichtbar auf der Vorderseite des Schrankfeldes sind die Steuer- und Meßgeräte sowie die Gefahrmelder unterzubringen (Bild 84).

VII. Der Aufbau von Stromversorgungseinrichtungen und deren Schalt- und Leitungsanlagen

Bei der räumlichen Anordnung der Stromversorgungseinrichtungen muß baulichen und örtlichen Verhältnissen Rechnung getragen werden. Bei Neubauten sind schon bei der Planung der Gebäude die für die Unterbringung notwendigen Räume entsprechend günstig zu gestalten, während man bei dem Einbau in vorhandene Räume die Stromversorgungsanlagen den örtlichen Verhältnissen anpassen und unter Umständen zu Umbauten schreiten muß. Grundsätzlich soll die Anordnung möglichst gedrängt getroffen werden, wobei sie jedoch nicht die Übersichtlichkeit verlieren darf. Die Ladeeinrichtungen sollen möglichst mit den Schalteinrichtungen in die Nähe der Batterien gebracht werden, um eine kurze Leitungsführung zu erhalten. Damit die Speiseleitungen kurz werden, sollen sich die Schalteinrichtungen in Nähe der Wählanlagen befinden. In Bild 85 ist ein Aufstellungsplan gezeigt, der den genannten Forderungen entspricht: Im Maschinenraum sind die Umformer gut zugänglich, desgleichen die Netztafel und Ladeschalttafel übersichtlich angeordnet. Im Batterieraum sind die beiden Batterien (je 1000 Ah) so aufgestellt, daß alle Zellen auch seitlich leicht zu beobachten sind. Zur Unterbringung von Ersatzglasgefäßen, von Flaschen mit destilliertem Wasser zum Nachfüllen, Mischbottichen usw. ist genügend freier Raum vorhanden. Grundsätzlich ist eine Tür zwischen dem Maschinen- und Sammlerraum zu vermeiden. Wo bauliche Verhältnisse dennoch eine derartige Verbindung fordern, sind zwei hintereinander liegende Türen (Schleuse) erforderlich. Bei Verwendung von Gleichrichtern sind ähnliche Verhältnisse anzustreben: Im vorliegenden Beispiel ist eine Gleichrichteranlage wie die in Bild 55 dargestellte etwa in der Ebene der Schalttafel S aufzustellen. Die Leitungsführung zwischen den Batterien und der Gleichrichteranlage ist denkbar günstig.

Die von der Netztafel zu den Umformern führenden Netzzuleitungen werden im allgemeinen in Eisenrohren auf kürzestem Wege im Boden und in den Fundamenten verlegt; desgleichen die Gleichstromleitungen von den Umformern zu der Schalttafel. Die 4 Lade- und 4 Entladeleitungen (bei getrennter Verlegung) von der Schalttafel zu den beiden Batterien werden über Streifensicherungen unmittelbar hinter der Schalttafel durch eine gegen Säurenebel abgedichtete Wanddurchführung

Bild 85. Aufstellungs- und Leitungs-
plan einer Stromversorgungsanlage
mit 2 Batterien und 2 Umformern.

A = Maschinenraum; B = Batterieraum;
B_1 = Batterie 1 (2 × 15 Zellen); B_2 =
Batterie 2 (2 × 15 Zellen); S = Schalttafel; N = Netztafel; N_1 = Netzzuführung; M_1 = Motorgenerator 1; M_2 = Motorgenerator 2; E = Erdungsschiene;
E_1 = Erdungsleitung von der Wasserleitung und den Kabelmanteln; E_2 = Erdungsleitung vom Erdungsrohr oder Er-
dungsplatte; Si = Sicherungen der Lade-
und Entladeleitungen; L = Ladeleitungen; C = Entladeleitungen; Sp = Speiseleitungen zur Wählanlage (Batterieverteilungstafel); O = Drehstromzuleitungen
von der Netztafel zu den Motoren; P =
Gleichstromzuleitungen von den Generatoren zur Schalttafel; F_1 = Betriebserdung; F_2 = Schutzerdung (Nullung)

geführt. Die Speiseleitungen
von der Schalttafel zum Wäh-
lersaal führen im vorliegenden
Beispiel durch den Batterieraum. An die Erdungsschiene
im Maschinenraum sind die
verschiedenen Erdungsleitungen, die weiter unten behandelt
werden, herangeführt.

Für den Sammlerraum
bestehen Forderungen in bezug
auf gute Belüftung und Beleuchtung. Der Fußboden muß
zur Aufnahme der Batterien
die nötige Tragfähigkeit besitzen. Bei mangelnder natür-
licher Belüftung durch Fenster
ist eine künstliche Entlüftung
einzurichten: Die sich auf dem
Boden des Sammlerraumes
lagernden Säurenebel müssen
über besondere Säureabscheider
abgesaugt werden. Es ist etwa 5 maliger Luftwechsel in der Stunde anzustreben. Der Boden der Sammlerräume muß mit einem säurefesten
Schutzanstrich (z. B. säurefester Asphaltanstrich) versehen werden;
desgleichen müssen die Wände und Decken einen säurefesten Ölanstrich
erhalten.

Zur überschläglichen Feststellung des Platzbedarfes können folgende
Angaben, bezogen auf den täglichen Stromverbrauch von Wählanlagen,

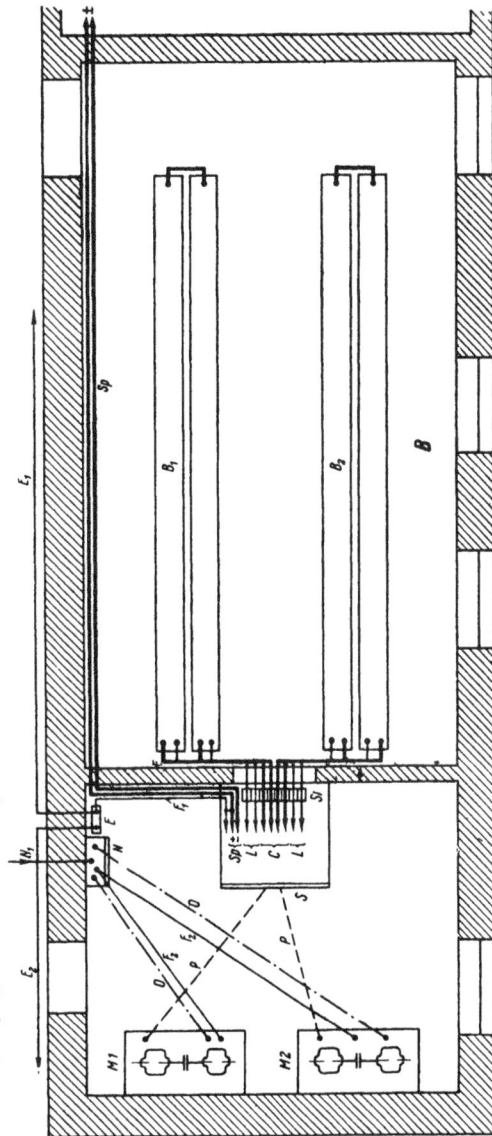

7*

verwertet werden. Sie haben als Geringstwerte Gültigkeit für Stromversorgungsanlagen mit Zweibatteriebetrieb, bei denen jede Batterie den Strombedarf eines Tages deckt. Die zwei Maschinen sind so ausgelegt, daß mit beiden eine Batterie in 5...6 h aufgeladen werden kann. Entsprechend ist die Schalttafel bemessen.

Tägl. Strombedarf in Ah	erforderl. Größe etwa in m²	
	des Batterieraumes	des Maschinenraumes
250	15	12
380	16	12
860	31	16
1200	46	16
1850	54	20
2400	58	20

Die entsprechenden Teilnehmeranschlußzahlen von Wählanlagen, die einen derartigen Strombedarf haben, betragen etwa 1000, 1500, 3500, 5000, 7500, 10 000 bei üblichem Sprechverkehr unter Zugrundelegung von Wählsystemen 60 V, wie z. B. die der Deutschen Reichspost oder der Siemens u. Halske A. G.

Allgemeingültige Angaben über Raumgrößen bei Verwendung von Gleichrichtern (Trocken- oder Quecksilberdampfgleichrichtern) können wegen der verschiedenen Abmessungen der einzelnen Gleichrichterausführungen nicht gegeben werden.

Im folgenden werden die Leitungsanlagen behandelt:

Netzzuführung

Die Stromzuführung von seiten des Netzes muß sichergestellt sein. Bei unzuverlässigen Netzen wird man stets den Einsatz von Netzersatzeinrichtungen ermöglichen. Es muß gefordert werden, daß die Netzfrequenz praktisch konstant ist und die Spannungsschwankungen geringer als etwa ± 10% sind. Bei handgeregelten Stromlieferungsanlagen ist der Einfluß von Netzschwankungen nicht wesentlich, da z. B. durch Veränderung der Erregung der Lademaschinen oder Änderung der Aussteuerung von gittergesteuerten Quecksilberdampfgleichrichtern eine gewünschte Größe des Lade- oder Pufferstromes eingehalten werden kann. Bei allen selbstregelnden Stromversorgungseinrichtungen mit Einbatteriebetrieb wirkt sich jede Netzspannungsschwankung mehr oder weniger auf die Größe des Pufferstromes aus, wenn nicht besondere Mittel angewandt werden, die diese Netzspannungsschwankungen ausschalten. Siehe Abschnitt IV, 5.

Durch längere Beobachtung der Netzspannungsschwankungen ist es meist möglich, einen bestimmten Verlauf über 24 h zu erkennen, so daß man infolgedessen z. B. einen Gleichrichter für selbstregelnde

Dauerladung auf eine mittlere Spannung einstellen kann. (Hierzu auch S. 83.) Die Netzzuführung wird vielfach an eine Netztafel herangeführt, von der die verschiedenen Stromkreise über Schalter, Sicherungs- und Meßeinrichtungen usw. zu den Verbrauchern abgzweigt werden.

Ladeleitungen

Die Querschnitte der Ladeleitungen werden im allgemeinen auf zulässige Strombelastung berechnet, da die von Hand bedienten Ladeeinrichtungen um den Spannungsabfall der Ladeleitungen höher geregelt werden können. Lediglich bei Gleichrichtern für Pufferbetrieb muß der Spannungsabfall der Ladeleitungen gering sein, damit die Stromspannungskennlinien durch den zusätzlichen Leitungswiderstand nicht abgeflacht werden. Allgemein ist zu fordern, die Ladeleitungen möglichst kurz anzulegen.

Entladeleitungen

Im Gegensatz zu den Ladeleitungen sind die Entladeleitungen stets auf Spannungsabfall zu berechnen. Der gesamte Spannungsabfall von der Batterie bis zu den Gestellrahmen einschließlich Sicherungen, Schalter nnd Instrumente soll bei 60 V-Wählanlagen 1,6 V bei höchster Belastung nicht überschreiten. Dieser Spannungsabfall setzt sich wie folgt zusammen (Bild 86):

1. Hauptbatteriezuführung (von der Batterie über die Schalttafel bis zur Batterieverteilungs tafel): 1 V;
2. Zuführung zu den Gestellen (bis zu den Gestellreihen): 0,5 V;
3. Zuführung zu den Gestellrahmen: 0,1 V.

Bei 24 V-Anlagen sind ähnliche Verhältnisse anzustreben.

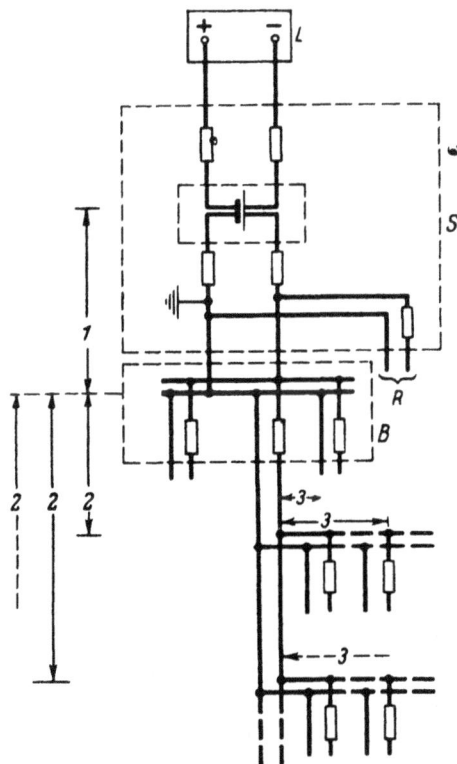

Bild 86. Stromverteilung einer Wahlanlage.

1. 2 3 = siehe Text
L = Gleichstromerzeuger
S = Schalttafel
B = Batterieverteilungstafel
R = zu den Ruf- und Signalmaschinen.

Die Entladeleitungen führen von den Batteriepolen über die Schalttafel zu der Batterieverteilungstafel, von der die einzelnen Stromkreise über Sicherungen bestimmter Größen zu den Gestellreihen abgezweigt werden. Bei kleinen Wählanlagen werden keine Batterieverteilungstafeln verwendet, sondern die Stromzuführungen werden direkt zu den Gestellen geführt.

Bei Verwendung von Gegenzellen muß der Minuspol der Entladeleitung über diese geführt werden. Die Schalter zum Kurzschließen der Gegenzellen befinden sich im allgemeinen auf der Schalttafel, wenn nicht Schütze verwendet werden, die in unmittelbarer Nähe der Gegenzellen untergebracht werden. Dadurch wird meist eine wesentliche Leitungsverkürzung ermöglicht. Die Schütze werden von der Schalttafel aus gesteuert.

Über die Stromzuführung zu den Ruf- und Signalmaschinen s. S. 77.

Erdungsleitungen

Es wird unterschieden zwischen Betriebserdung, Sicherungserdung und Schutzerdung. Die Betriebserdung ist die für einen Teil der Betriebsstromkreise der Wählanlagen erforderliche Erdung, die diese auf den Spannungszustand der Erde bringen soll (s. S. 21). Die Sicherungserdung soll die Betriebsmittel der Wähleinrichtungen (mit Ausnahme der Stromversorgungsanlagen, wenn diese aus einem Netz gespeist werden) vor Überspannungen schützen, indem die Gestelle, Kabelroste usw. geerdet sind. Die Schutzerdung (Starkstrom-Schutzerdung im Sinne der VDE-Vorschriften) ist eine Erdung, die verhindern soll, daß leitfähige und gegen zufällige Berührung nicht geschützte Anlagenteile den Menschen gefährdende Spannungen annehmen können.

Für jede Wählanlage müssen mindestens 2 Erdungsleitungen (für Betriebs- und Sicherungserdung) vorhanden sein. Hierfür ist grundsätzlich ein besonderer gemeinsamer Erder vorzusehen. Dieser besteht im allgemeinen aus in den Erdboden verlegtem Stahlrohr oder Bandstahl. Der übliche Aufbau der Erdungsanlagen ist der, daß von dem genannten Erder ein blanker Leiter zu einer Erdungsschiene, die sich im Keller, Maschinenraum o. ä. befindet, führt. An diese Schiene wird ferner ein zweiter Erder herangeführt, der aus den metallischen Schutzhüllen der verschiedenen Fernmeldekabel, dem Wasserleitungsnetz und aus Gasleitungen, die einwandfrei mit der Erde in Verbindung stehen, gebildet wird. An diese Schiene werden die Betriebs- und Sicherungserdungsleitungen herangeführt. Kleine Wählanlagen kommen meist mit einer gemeinsamen Erdungsleitung aus.

Bei Wählnebenstellenanlagen kann auch das Wasserleitungsnetz als Erder für die Betriebserdung verwendet werden. Auch die Sicherungserdungsleitung kann an die Wasserleitung herangeführt werden.

Die Erdungsleitungen von Wähleinrichtungen (Betriebs- und Sicherungserdung) dürfen grundsätzlich nicht mit Erdungsleitungen für Starkstromanlagen verbunden werden. Es darf also z. B. ein Nulleiter nicht an eine Erdungsschiene herangeführt werden. Inwieweit der Nulleiter eines speisenden Netzes als Schutzerdung zu verwenden ist, ist jeweils nach den Betriebsverhältnissen des Netzes zu entscheiden (VDE-Vorschriften). Kann nach diesen Bestimmungen der Nulleiter zur Schutzerdung benutzt werden, werden die Gehäuse von Gleichrichtern, Maschinen, ferner Schalttafelgestelle usw. durch Verbindung mit diesem Nulleiter genullt, wenn über diese aus dem Netz gespeist wird. Bei Wählnebenstellenanlagen wird vielfach das Wasserleitungsnetz aus baulichen und wirtschaftlichen Gründen zur Schutzerdung benutzt, wenn die Betriebsspannung des Netzes höchstens 250 V gegen Erde beträgt. Auf gute Verbindungsstellen der Erdungsleitungen ist Wert zu legen.

Der höchstzulässige Wert (8) des Gesamterdungswiderstandes der Erdungsschiene beträgt bei öffentlichen Wählanlagen:

bis zu 500 Anrufeinheiten (Hauptanschlüssen): 10 Ohm,
» » 2000   »   2 »
über 2000   »   0,5 »

Diese Höchstwerte gelten für Zentralbatterieanlagen. Bei Ortsbatterieanlagen sind Erdungswiderstände bis zu 10 Ohm zulässig. Die in den Erdboden eingeführten Erder dürfen keinen Anstrich, z. B. Rostschutzmittel, erhalten, da sich dadurch der Übergangswiderstand wesentlich erhöht.

Als Leitungsbaustoffe für Stromversorgungsanlagen werden im allgemeinen folgende Ausführungen verwendet:

Isolierte Leitungen; für größere Querschnitte blanke Leitungen, ferner auch Kabel.

Die Maschinenzuführungen werden bei Verwendung von Schwingungsdämpfern mittels biegsamer Kabel ausgeführt. In Batterieräumen wird allgemein bis zu einem Querschnitt von etwa 16 mm² säurefeste isolierte Leitung verwendet. Leitungen mit Querschnitten von etwa 25...300 mm² werden aus blankem Rundmaterial, darüber hinaus aus Flachmaterial (Schienen), grundsätzlich hochkant verlegt, hergestellt. Blankleitungen werden auf Isolatoren verlegt. Wanddurchführungen dieser Leitungen in Akkumulatorenräumen werden allgemein mit Schieferplatten ausgeführt. Für die übrigen (trockenen) Räume genügen Hartpapierdurchführungen. An Stellen, an denen ein Berührungsschutz von blanken Leitungen notwendig ist, werden Hartpapierumkleidungen vorgesehen. Als Oberflächenschutz für blanke Kupfer- und Aluminiumleitungen in allen Räumen, mit Ausnahme von Batterieräumen, wird Öl- oder Lackfarbenanstrich verwendet. Plusleitungen werden rot,

Minusleitungen blau, geerdete im allgemeinen hellgrau mit grünen Querstreifen gestrichen. In Batterieräumen hat sich für Kupferleiter säurefester Anstrich oder Fettung mit säurefreier Vaseline bewährt, während für Aluminium letztgenannter Oberflächenschutz am geeignetsten sein dürfte.

Die Verwendung von Aluminium als Leitungsbaustoff erfordert besondere Maßnahmen in bezug auf die Herstellung der Verbindungsstellen von Aluminium mit Aluminium und Aluminium mit anderen Nichteisenmetallen.

Eine Übersicht über verschiedene Eigenschaften von Kupfer, Aluminium und Magnesium, wie sie für Leitzwecke verwendet werden, gibt folgende Aufstellung:

	Kupfer	Aluminium	Magnesium
Elektr. Leitfähigkeit $\dfrac{m}{Ohm \cdot mm^2}$ . . .	56	35	23
Spez. Gewicht $\dfrac{g}{ccm}$	8,9	2,7	1,74
Schmelzpunkt ^0C	1083	658	650
Elektrolytische Spannung in V gegen Wasserstoff ± 0	$+ 0,35$	$1,45^1)$	$— 1,87$

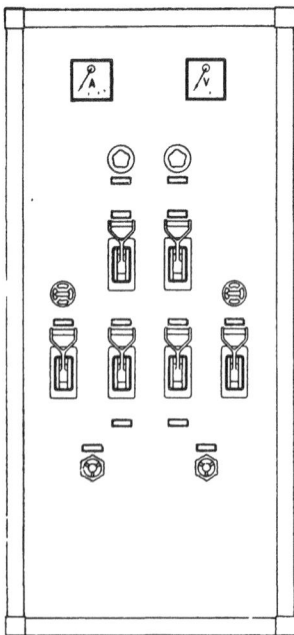

Bild 87. Schalttafel für Handschaltung einer Stromversorgungsanlage mit 2 Umformern und 2 Batterien für eine große Wahlanlage.

Die zum Betrieb der verschiedenen Stromversorgungsanlagen notwendigen Instrumente, Schalter usw. werden je nach Größe und Art der Anlagen untergebracht. In Anlagen, bei denen Gleichrichter zur Speisung dienen, werden allgemein die Vorderseiten der Gleichrichter so ausgebildet, daß die nötigen Instrumente und Schalter auf diesen Platz finden (Bild 46, 53 und 55).

Lediglich bei Maschinenanlagen werden die erfoderlichen Instrumente und Schalter auf Schalttafeln untergebracht.

Bild 87 stellt eine Schalttafel dar, wie sie für die Stromversorgung einer Wählanlage mit etwa 1500 Teilnehmeranschlüssen unter Verwendung von 2 Umformern und 2 Bat-

¹) Infolge der stets vorhandenen Oxydschicht der Oberfläche in verschiedener Stärke ruckt dieser Wert an gunstigere Stelle (etwa an die Stelle von Zink: —0,76).

terien verwendet wird. Die Schaltung und Bestückung entspricht Bild 2, S. 12. Für jeden Umformer ist ein Unterstromschalter vorhanden, der verhütet, daß bei Netzausfall sich eine in Ladung stehende oder gepufferte Batterie über den Umformer entlädt.

Für größere Schaltanlagen ist häufig die Verwendung von Schützen an Stelle handbetätigter Schalter angebracht. Die Schalttafel erfordert dann wesentlich geringeren Platz; die Leitungsführung kann kürzer und

Bild 88. Schalttafel für Schutzschaltung einer Stromversorgungsanlage mit 2 Umformern, 2 Batterien und einem Netzersatzmaschinensatz für eine große Wahlanlage.

einfacher gestaltet werden. Der Aufbau einer derartigen Tafel für eine Stromversorgungsanlage, bestehend aus 2 Umformern, 2 Batterien und 1 Diesel-Netzersatzmaschinensatz, ist in Bild 88 gezeigt. Auf dem linken Feld der Tafel befinden sich die Instrumente, Druckknöpfe, Regler,

Anlasser usw. für die Netzseite, während die rechte die Apparate für die Gleichstromseite enthält. Die abgebildete Tafel wird eingesetzt für Wählanlagen mit etwa 4000 Teilnehmeranschlüssen.

Sämtliche Schalter (Maschinen-, Batterie- und Motorschutzschalter) sind von der Tafel mittels Druckknöpfen gesteuerte Schütze, die im allgemeinen im Zug der Leitungen an geeigneten Stellen, z. B. im Maschinenraum in gestellförmigem Aufbau an einer Wand untergebracht werden. Die Steuerkreise der Schütze sind gegeneinander elektrisch so verriegelt, daß keine Fehlschaltungen ausgeführt werden können; so ist z. B. das Netzersatzschütz erst einzuschalten, wenn infolge Netzausfall das Netzschütz geöffnet hat. Ferner kann die die Wählanlage speisende Batterie nicht abgeschaltet werden, bevor die andere Batterie auf die Wählanlage geschaltet ist, d. h. es ist unmöglich, die Wählanlage irrtümlich stromlos zu machen.

VIII. Die Planung von Stromversorgungsanlagen

1. Der Strombedarf von Wählanlagen und seine Berechnung

Der Stromverbrauch einer Wählanlage ist bestimmt durch die Art des Wählsystems, die Zahl der Teilnehmer und die Größe des Verkehrs.

Jedes System setzt sich aus Schalteinrichtungen zusammen, unter denen Wählersätze (z. B. I., II. Vorwähler, Gruppenwähler, Leitungswähler), Übertragungen, Zähleinrichtungen (Zeitzonenzähler) usw. verstanden werden. Diese Schalteinrichtungen bestehen aus Schaltungsteilen, wie Relais, Dreh- oder Hebdrehwählern, Drosseln usw., die zu Einheiten zusammengesetzt und miteinander verdrahtet sind. Der Aufbau und die Verbindung der verschiedenen Schalteinrichtungen ist bestimmt durch die Forderungen, die an ein Wählsystem gestellt werden.

Die Zahl der Schalteinrichtungen einer Wählanlage irgendeines Systems ist hauptsächlich abhängig von der Teilnehmerzahl und der Forderung nach Zurverfügungstellung einer bestimmten Zahl von Verbindungswegen (Gleichzeitigkeit von Belegungen). Die Zahl und Beschaffenheit der einzelnen Stromkreise ist also fast in allen Wählanlagen verschieden.

Für die vorliegende Betrachtung kann unterschieden werden zwischen Ruhestrom- und Arbeitsstromkreisen.

Unter Ruhestromkreisen werden alle Stromkreise verstanden, die im Zustand völliger Betriebsruhe der Wählereinrichtung, d. h. wenn keine Belegung besteht, geschlossen sind und infolgedessen Strom verbrauchen. Sie enthalten Relais, die zur Überwachung bestimmter Betriebszustände der Anlage dienen.

Als Ruhestromverbrauch sind ferner die Verluste infolge des endlichen Wertes der Isolation der vielen unter Spannung stehenden Teilnehmeranschlußleitungen einer Anlage anzusehen. Größenordnungsmäßig können sie folgendermaßen erfaßt werden: Zum einwandfreien Arbeiten der Wähleinrichtungen darf der Isolationswiderstand zwischen den beiden Teilnehmerleitungen (von der Wähleinrichtung zum Teilnehmeranschluß) und zwischen diesen beiden und Erde einen bestimmten Wert nicht unterschreiten. Durch diesen Wert ist eine rechnerische oberste Grenze des Ruhestromes je Teilnehmeranschluß gegeben, die jedoch praktisch nie erreicht wird, da die Isolationswerte wesentlich höher liegen, z. B. bei üblichen Kabeln etwa 5000 MOhm/km. Bei Freileitungen liegen diese Werte unter Umständen z. B. bei Regen wesentlich niedriger.

Ferner sind bei ausländischen Wählanlagen mit Maschinenantrieb, bei denen die Wähler nicht durch Einzelantrieb (z. B. Schrittschaltwerke), sondern durch für eine Wählergruppe gemeinsame Motoren über Wellen, Zahnräder und Kupplungen eingestellt werden, die Motorstromkreise zu berücksichtigen. Die Motorleistung beträgt für eine Gruppe bis 1000 Teilnehmeranschlüsse etwa $1/_8$ PS.

Der Verbrauch dieser Stromkreise wie auch der von Antriebsstromkreisen, z. B. von Tonfrequenzmaschinen, die bekanntlich ständig laufen, ist bei Stromverbrauchsberechnungen als gemeinsamer Verbrauch für eine Gruppe oder die Gesamtzahl von Teilnehmeranschlüssen einer Wählanlage zu beachten.

Unter Arbeitsstromkreisen werden alle Stromkreise verstanden, die bei einer Belegung geschlossen werden. Für die vorliegende Betrachtung können sie weiter unterteilt werden in Stromkreise, die

    1. nur während des Auf- und Abbaus,
    2. während einer erfolgreichen Belegung (= Gesprächsverbindung) und während ihres Auf- bzw. Abbaus ganz oder zeitweise eingeschaltet sind.

Zu den unter 1 genannten gehören alle Einstell- und Hilfsstromkreise, in denen z. B. die Betätigungsspulen der Wähler liegen.

Die 2. Gruppe bilden Stromkreise, die aus Belegungs-, Prüf- und Speiserelais, ferner Relais in Übertragungen, Signaleinrichtungen u. a. bestehen. Auch die Antriebsstromkreise von Ruf- und Signalmaschinen müssen hier als für alle Teilnehmeranschlüsse einer Wählanlage gemeinsame Verbraucher erwähnt werden.

Allgemein wird in der Wähltechnik mit Belegungszahlen gerechnet. Auch für die Feststellung des Strombedarfs ist es zweckmäßig, mit Belegungen zu rechnen. Die Belegungszahl einer Schalteinrichtung ist bekanntlich größer als die Gesprächszahl um die Zahl von Vorgängen, die diese Einrichtung benutzen, ohne zu einer vollständigen Gesprächsverbindung zu führen. Der Stromverbrauch der angedeuteten mannigfaltigen Stromkreise addiert sich zu einem Wert, der nach Art und Dauer des Gespräches (Amts-, Haus-, Rückfragegespräch o. ä.) verschieden hoch ist mit einem Zuschlag für die Belegungen, die zu keinem Gespräch führen.

Der Stromverbrauch der Gesamtzahl dieser täglichen Belegungen einer Wählanlage ergibt deren Stromverbrauch. Allgemeingültige Angaben über den Stromverbrauch dieser mannigfaltig ausgebildeten Stromkreise können nicht gegeben werden. Sie sind für jedes System verschieden und müssen für jeden vorliegenden Fall ermittelt werden nach der unten angegebenen Zusammenfassung. Größenordnungsmäßig beträgt der Stromverbrauch der unter 1. erwähnten Stromkreise bei in Deutschland üblichen Schrittschaltsystemen etwa 10% des Gesamtverbrauchs, so daß für eine überschlägliche Rechnung mit genügender Genauigkeit nur die unter 2. genannten Stromkreise zugrunde gelegt zu werden brauchen.

Bei der Planung einer Stromversorgungsanlage ist stets vom täglichen Stromverbrauch der Wählanlage auszugehen. Zu seiner Bestimmung bedarf es der Ermittlung der Größe des zu erwartenden Verkehrs (Verkehr = Gesamtheit aller Belegungen). In vielen Fällen bietet für diese Ermittlung eine durch die Wählanlage zu ersetzende handvermittelte Fernsprechanlage einen Anhalt, wenn nicht z. B. durch Änderungen des Fernsprechtarifs wesentliche Unterschiede im Verkehr hervorgerufen werden.

In den Fällen, in denen eine Anlehnung an ein vorhandenes Handamt nicht möglich ist, muß man sich auf Beobachtungen des Verkehrs in Anlagen mit ähnlichen Bedingungen stützen und entsprechend geschätzte Zu- oder Abschläge machen.

Zusammengefaßt läßt sich der tägliche Strombedarf B in Ah einer Wählanlage jeden Systems in beliebiger Größe nach folgender Aufstellung ermitteln:

$$B_{Ah} = N_n \left(t \cdot c \cdot J_d + t_e \cdot c \cdot J_e \right) \cdot a + N \cdot J_1 + \frac{N}{N_g} \cdot J_g + J_s.$$

Darin bedeuten:

$N_n \left(t \cdot c \cdot J_d + t_e \cdot c \cdot J_e \right)$: Summe aller Werte

$\quad N_{n1} \left(t_1 \cdot c_1 \cdot J_{d1} + t_{e1} \cdot c_1 \cdot J_{e1} \right) + N_{n2} \left(t_2 \cdot c_2 \cdot J_{d2} + t_{e2} \cdot c_2 \cdot J_{e2} \right) + \ldots$

für die verschiedenen Gesprächsarten, wie z. B.

Amtsgespräch (Index 1),
Hausgespräch (Index 2),
Rückfragegespräch (Index 3) usw.

N_{n1}, N_{n2}, ...: Teilnehmerzahl, die die Möglichkeit hat, eine der genannten Gesprächsarten zu führen: $N_{n1} + N_{n2} + ...$
$= N_n$,

t_1, t_2, ...: mittlere Dauer eines Gesprächs in h,

c_1, c_2, ...: mittlere Gesprächszahl je Tag und Teilnehmer,

J_{d1}, J_{d2}, ...: Dauerstrom einer bestehenden Verbindung in A,

J_{e1}, J_{e2}, ...: Strombedarf für Einstellen und Auslösen einer Verbindung in A,

t_{e1}, t_{e2}, ...: Mittlere Einstell- und Auslosezeit einer Verbindung in h.

a ...: Faktor (1,1...1,2) zur Berücksichtigung der Belegungen,
die zu keiner Gesprächsverbindung führen,

N: Gesamtteilnehmeranschlußzahl,

J_1: Isolationsverlust je Teilnehmeranschluß und Tag in Ah,

J_g: Stromverbrauch von Einrichtungen, die einer Gruppe von Teilnehmern gemeinsam sind, je Tag in Ah,

N_g: Teilnehmeranschlußzahl je Gruppe,

J_s: Stromverbrauch von Einrichtungen, die allen Teilnehmern (N)
gemeinsam sind, je Tag in Ah.

Für die Berechnung der Querschnitte der Speiseleitungen ist der
zu erwartende Höchststrombedarf der Wählanlage in A festzustellen.
Er ist bestimmt durch die höchstmögliche Zahl gleichzeitig beste-
hender Gesprächsverbindungen. In Wählanlagen beschränkt
man aus Gründen der Wirtschaftlichkeit die Zahl der gleichzeitig möglichen Verbindungswege unter der berechtigten Annahme, daß nicht alle
Teilnehmer gleichzeitig sprechen. Im allgemeinen werden je nach der
Größe der Wählanlage nur etwa 8...15% aller Teilnehmer gleichzeitig
eine Verbindung herstellen. Der Stromverbrauch in A dieser gleichzeitig bestehenden Verbindungen und der gemeinsamen Verbraucher
stellt die höchste Stromaufnahme dar, wobei man die Einstell- und
Auslöseströme vernachlässigen kann.

Bei der Berechnung der zu erwartenden Höchststromstärke ist so
vorzugehen, daß für die einzelnen Wahlstufen von Schalteinrichtungen,
wie I. und II. Vorwähler, Gruppenwähler, Leitungswähler usw., die
mögliche Zahl von gleichzeitig belegbaren Einrichtungen festzustellen ist.
Dabei sind bei Betrachtung der Vorwähler nur soviel I. Vorwähler
zu beachten, wie I. Gruppenwähler vorhanden sind. Von den II. Vor-
wählern können nur etwa 50%, bei Sparschaltung etwa 70%, gleichzeitig belegt sein, wogegen zweckmäßig alle Gruppenwählerstufen mit
ihrer ganzen Wählerzahl einzusetzen sind. Leitungswähler können nur
so viele belegt werden, als Gruppenwähler in der letzten Stufe vorhanden sind. Die gefundenen Zahlen sind jeweils mit dem Stromverbrauch der betreffenden Wahlstufen für eine bestehende Gesprächsver-

bindung zu multiplizieren. Der Stromverbrauch aller Wahlstufen zusammen ergibt die zu erwartende Höchststromstärke.

Für überschlägliche Rechnungen kann angenommen werden, daß die Höchststromstärke in A größenordnungsmäßig etwa 10...15% des täglichen Stromverbrauches B in Ah beträgt, beruhend auf der Erfahrung, daß etwa 10...15% aller Gespräche in der sog. Hauptverkehrsstunde (HVSt) abgewickelt werden. Auf den gefundenen Wert ist ein Aufschlag von etwa 15% zu machen als Berücksichtigung der Gleichzeitigkeit von Wählvorgängen in der HVSt.

Der Verlauf des Stromverbrauchs mehrerer großer Wählanlagen während eines Tages ist in Bild 89 dargestellt. Die Kurven a und b sind

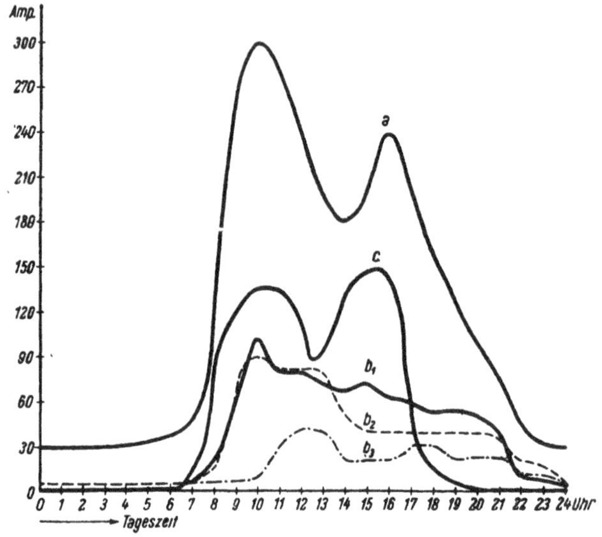

Bild 89. Verlauf des Tages-Stromverbrauches von großen Wahlanlagen.

a   = offentliche Wahlanlage mit 11 600 Teilnehmeranschlussen· Montags bis Freitags
b   = offentliche Wahlanlage mit 5500 Teilnehmeranschlussen
b_1 = Stromverbrauch Montags bis Freitags
b_2 =   »   Sonnabends
b_3 =   »   Sonntags
c   = private Wahlanlage eines Industriewerkes mit 7000 Teilnehmeranschlussen. Werktags.

aufgenommen in öffentlichen Wählämtern der Deutschen Reichspost mit 11 600 und 5500 Teilnehmeranschlüssen, die Kurve c in einer privaten Wählanlage (Hausfernsprechanlage) eines großen Industriewerkes mit Werkstätten und Büros mit 7000 Teilnehmeranschlüssen. Die Kurven a, b_1 und c zeigen den Stromverbrauch an den Wochentagen Montag bis Freitag, während die Kurven b_2 und b_3 Sonnabends und Sonntags aufgenommen wurden. Kennzeichnend für den Stromverbrauch der Wochentage ist die M-Form, bedingt durch die Häufung der Gespräche etwa zwischen 9...11 Uhr vormittags und 15...17 Uhr nachmittags. Der

Sattel zwischen diesen beiden Spitzen ist bei der Kurve c besonders ausgeprägt infolge der zeitlich begrenzten Mittagspause der Betriebe; während in öffentlichen Ämtern die größte Gesprächsdichte (HVSt) im allgemeinen vormittags auftritt, erscheint sie in der Industrieanlage im vorliegenden Fall am Nachmittag. Auch ist der Abfall der Kurve c infolge des Büroschlusses wesentlich steiler als bei den Kurven der öffentlichen Wählanlagen, bei denen der Geschäftsverkehr zwar ebenfalls stark abnimmt, nicht jedoch in diesem Maße der Privatverkehr. Bei öffentlichen Wählämtern in Geschäftsvierteln werden die Stromverbrauchskurven sich dem Verlauf der Kurve c nähern. Die Kurve b_2 zeigt das starke Absinken des Sprechverkehrs am Sonnabend nach dem Mittags-Büroschluß und gegen 21 Uhr nach dem Beginn der Abendveranstaltungen. Der größte Sprechverkehr am Sonntag (Kurve b_3) besteht sowohl vor- als auch nachmittags etwa 2 h später als an Werktagen. Am Abend läßt er ebenfalls in diesem Beispiel nach etwa 21 Uhr stark nach.

2. Die Anschaffungs- und Betriebskosten von Stromversorgungsanlagen

a) Die Anschaffungskosten

Nach der Feststellung des täglichen Strombedarfes einer Wählanlage ist zu entscheiden über die Ausführung der Stromversorgungsanlage unter Beobachtung der vorliegenden örtlichen und betrieblichen Verhältnisse. Insbesondere ist eingehend die Frage der Betriebssicherheit und Betriebsreserve zu prüfen, wobei wirtschaftliche Überlegungen (Anschaffungs- und Betriebskosten) je nach Bedeutung der zu planenden Wählanlage nicht allein bestimmend sein dürfen für die leistungsmäßige und bauliche Bemessung der Stromversorgungseinrichtungen wie z. B. der Batterien oder Netzersatzeinrichtungen. Bei Beurteilung verschiedener Ausführungs- und Bemessungsvorschläge einer Stromversorgungsanlage soll man sich stets deren anteilmäßige Anschaffungskosten an denen der gesamten Wähleinrichtung vergegenwärtigen.

Bild 90 zeigt die Höhe der Anschaffungskosten von Stromversorgungsanlagen verschiedener Ausführung in % der Anschaffungskosten der entsprechenden Wähleinrichtung einschließlich Stromversorgungseinrichtung in Abhängigkeit von der Teilnehmeranschlußzahl. Kosten für den Aufbau, für Aufbaustoffe und für das Teilnehmerleitungsnetz einschließlich Teilnehmerapparate, ferner Herstellungskosten für Räume u. ä. sind nicht berücksichtigt.

Zugrunde gelegt sind die in Deutschland für öffentliche Wählanlagen gebräuchlichen Wählsysteme 60 V.

Die Kurven 1, 2, 3 sind unter folgenden für alle Teilnehmerzahlen gleichen Voraussetzungen aufgestellt:

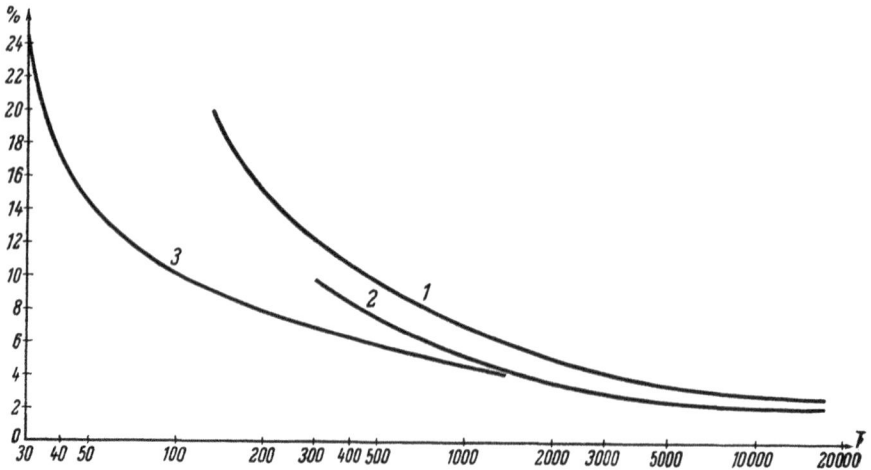

Bild 90. Anschaffungskosten der verschiedenen Arten (1, 2, 3) von Stromversorgungsanlagen in %/₀ der Gesamtanschaffungskosten der entsprechenden Wähleinrichtungen
60 V (einschl. Stromversorgungsanlagen) in Abhangigkeit von der Teilnehmeranschlußzahl

1 = Zweibatteriebetrieb (Lade- und Entladebetrieb)
2 = Zweibatteriebetrieb (Lade- Entlade- und Pufferbetrieb)
3 = Einbatteriebetrieb (Pufferbetrieb)

a) Der tägliche Stromverbrauch der Wählanlagen ist für eine
   gleich große übliche Belegungszahl und -dauer je Tag und
   Teilnehmer berechnet.

b) Die Batteriereserve bei Ein- und Zweibatteriebetrieb beträgt
   stets 24 h, d. h. bei Ausfall des speisenden Netzes kann die
   Wählanlage ohne Zuhilfenahme eines Netzersatzes 24 h in
   Betrieb bleiben.

c) Die Gleichstromerzeuger sind bei den Stromversorgungsanlagen
   mit 2 Batterien so bemessen, daß eine Aufladung (Schnelladung)
   einer Batterie in etwa 5...6 h stattfinden kann. Die Gleichrichter der Einbatterieanlagen haben eine Schnelladestufe, um
   nach Netzausfällen die Batterie in kurzer Zeit wieder aufladen
   zu können.

Die den drei verschiedenen Ausführungen zugrunde liegenden Einrichtungen und deren Bemessung sind im einzelnen folgende:

Zweibatteriebetrieb (Lade-Entladebetrieb) (Kurve 1)

Jede der beiden Batterien ist für eine 24 stündige Speisung (ohne
Pufferung) ausgelegt, da bei normalem Betrieb jede Batterie 24 h
die Wählanlage versorgt, so daß die in Bereitschaft stehende Batterie
die folgenden 24 h die Amtsspeisung übernehmen muß. Die Gleichstromerzeuger sind Motorgeneratoren. Die Schalttafeln sind so be-

messen, daß in Notfällen mit Handregelung gepuffert werden kann. Gegenzellen sind nicht vorgesehen.

Zweibatteriebetrieb (Lade-Entlade-Pufferbetrieb) (Kurve 2)

Jede der beiden Batterien hat eine Kapazität von etwa der Hälfte des täglichen Stromverbrauchs der Wählanlagen. Die Ladeeinrichtungen (Gleichrichter) sind für vollselbsttätige Pufferung der die Wählanlage speisenden Batterie eingerichtet, so daß auch diese Batterie bei Netzausfällen praktisch vollgeladen neben der zweiten zur Verfügung steht. Zur Einhaltung der geforderten Amtsspannung bei Pufferbetrieb sind automatisch geschaltete Gegenzellen vorgesehen. Eine Schnelladestufe der Gleichrichter ermöglicht nach Netzausfällen eine Wiederaufladung der Batterien in kurzer Zeit.

Einbatteriebetrieb (Pufferbetrieb) (Kurve 3)

Die Batterie ist so bemessen, daß sie auch nach Zeiten höchsten Strombedarfs (HVSt) bei Netzausfall noch 24 h die Wählanlage speisen kann. Die Gleichrichter sind für vollautomatischen Pufferbetrieb hergerichtet und besitzen eine Schnelladestufe, um Nachladungen nach Netzausfällen vornehmen zu können. Die notwendigen automatisch geschalteten Gegenzellen sind vorgesehen.

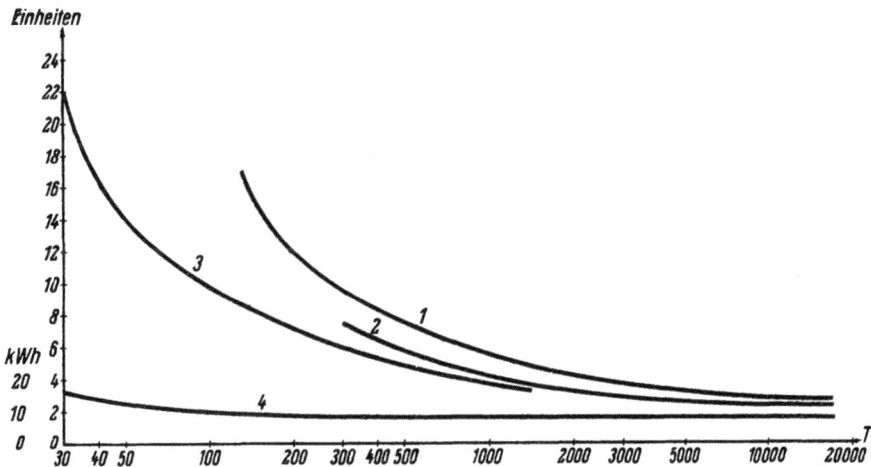

Bild 91 Anschaffungskosten der verschiedenen Arten (1, 2, 3) von Stromversorgungsanlagen 60 V je Teilnehmeranschluß in Abhängigkeit von der Teilnehmeranschlußzahl.

1 = Zweibatteriebetrieb (Lade- und Entladebetrieb)
2 = Zweibatteriebetrieb (Lade-, Entlade- und Pufferbetrieb)
3 = Einbatteriebetrieb (Pufferbetrieb)
4 = Dem Netz jährlich entnommene el Arbeit in kWh je Teilnehmeranschluß in Abhangigkeit von der Teilnehmeranschlußzahl (Mittel der verschiedenen Arten von Stromversorgungsanlagen)

In Bild 91 sind die Anschaffungskosten von Stromversorgungsanlagen je Teilnehmeranschluß in Einheiten dargestellt unter Beibehaltung der gleichen Verhältnisse.

Den Darstellungen ist zu entnehmen, daß mit zunehmender Teilnehmeranschlußzahl sowohl die Anschaffungskosten der Stromversorgungseinrichtungen als auch die Unterschiede zwischen den Anschaffungskosten der drei Ausführungen, nicht nur bezogen auf den Teilnehmeranschluß, sondern auch im Verhältnis zu den Gesamtanschaffungskosten der Wähleinrichtungen abnehmen. Es ist zu erkennen, daß bis zu bestimmten Teilnehmerzahlen diese Kosten einen wesentlichen Anteil an den Gesamtanschaffungskosten haben, daß darüber hinaus jedoch sie nur noch einen geringen Anteil und geringe Unterschiede aufweisen, so daß sie bei der Planung nicht mehr allein ausschlaggebend sein dürften für die Wahl einer Art von Stromversorgungsanlagen und deren Bemessung. Die Vergleiche zeigen, daß bis zu etwa 1500 Teilnehmeranschlüssen der Einbatteriebetrieb mit Pufferung (nur möglich, wenn das Netz Dreh- oder Wechselstrom führt) die geringsten Anschaffungskosten erfordert, wobei zusätzlich zu beachten ist, daß dabei auch die Aufbaukosten (Material und Lohn) am niedrigsten sind. Wählanlagen mit etwa 1500...2000 Teilnehmeranschlüssen dürften im allgemeinen als oberste Grenze anzusehen sein, bei der noch Einbatteriebetrieb angewendet werden soll. Bei höheren Teilnehmerzahlen ist Zweibatteriebetrieb mit Pufferung vorzusehen.

Einen' Überblick über die Anschaffungskosten verschiedener Arten von Stromversorgungsanlagen für kleine Wählanlagen gibt Bild 92. Für eine Wähleinrichtung (24 V) mit 28 Teilnehmeranschlüssen sind unter den gleichen Voraussetzungen wie bei der vorhergehenden Betrachtung für große Wähleinrichtungen (S. 112, b, c) die Anschaffungskosten von 6 verschiedenen Arten aufgestellt, und zwar ebenfalls in % der Gesamtanschaffungskosten der Wähleinrichtungen einschließlich der betreffenden Stromversorgungseinrichtungen (Stäbe a) und ferner je Teilnehmeranschluß in Einheiten (Stäbe b).

Für kleine Wählanlagen kommen als weitere Stromversorgungsarten bei Wechselstromnetzen die batterielose Speisung, bei Gleichstromnetzen mit geerdetem Pluspol der Puffer- und Schnelladebetrieb über Widerstände hinzu.

Bei der Betrachtung der Anschaffungskosten sind die Betriebskosten (Netzstromkosten — Stäbe c) besonders zu beachten. Da sie bei kleinen Anlagen eine ausschlaggebende Rolle spielen, wird die abschließende Betrachtung beider Kostenarten im folgenden Abschnitt vorgenommen.

Die den 6 verschiedenen Ausführungen zugrunde liegenden Einrichtungen und deren Bemessung sind im einzelnen folgende:

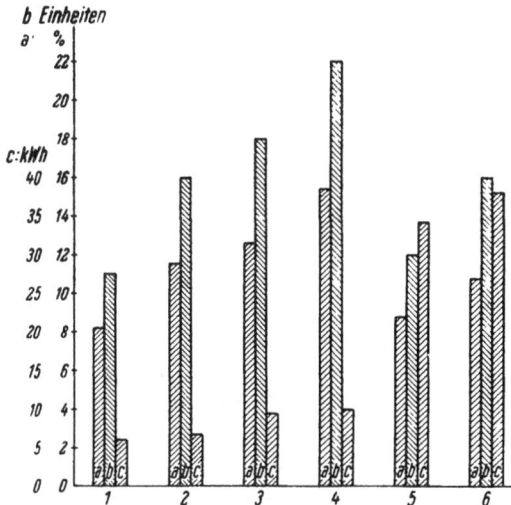

Bild 92. Anschaffungskosten verschiedener Arten von Stromversorgungsanlagen
24 V. (Für eine Wahlanlage mit 28 Teilnehmeranschlussen.)

a = Anschaffungskosten jeweils in % der Gesamtanschaffungskosten der Wahleinrichtung (einschl. der betr. Stromversorgungsanlage)
b = Anschaffungskosten je Teilnehmeranschluß
c = dem Netz jährlich entnommene el. Arbeit in kWh je Teilnehmeranschluß

Speisendes Netz	Art der Stromversorgung
1 = Dreh- oder Wechselstrom	Einbatteriebetrieb mit Regelladung
2 = » » »	Einbatteriebetrieb mit Stufenladung
3 = » » »	batterieloser Netzanschlußbetrieb
4 = Dreh-, Wechsel- oder Gleichstrom	Zweibatteriebetrieb mit einem Umformer (Schnell-ladebetrieb)
5 = Gleichstrom	Einbatteriebetrieb mit Stufenladung
6 = »	Zweibatteriebetrieb mit Widerstandsschnelladung.

Speisung aus Dreh- oder Wechselstromnetzen:

Einbatteriebetrieb mit Regelladung (Stäbe 1).

Die Batterie ist für 24stündige Reserve bemessen. Der Gleichrichter ist für vollselbsttätigen Pufferbetrieb eingerichtet mit
einer zusätzlichen Schnelladestufe.

Einbatteriebetrieb mit Stufenladung (Stäbe 2).

Bemessung wie vorher. Das Gleichrichtergerät liefert den Puffer-
gleichstrom in 2 Stufen; eine Schnelladestufe ist vorhanden.

Batterieloser Netzanschlußbetrieb (Stäbe 3).

Das Netzanschlußgerät ist für den höchstmöglichen Strombedarf der Wählanlage ausgelegt.

Speisung aus Dreh-, Wechsel- oder Gleichstromnetzen:

Zweibatteriebetrieb mit einem Umformer (Schnelladebetrieb)
(Stäbe 4).

Jede Batterie ist für eine 24stündige Amtsspeisung bemessen.
Es ist ein Umformer vorgesehen, mit dem eine Batterie in
5...6 h aufgeladen werden kann (Handregelung).

8*

Speisung aus Gleichstromnetzen:

Einbatteriebetrieb mit Stufenladung (Stäbe 5).

Es wird eine Batterie mit 24stündiger Reserve in Verbindung mit einem Gleichstromladegerät verwendet. Zugrunde gelegt ist ein Gleichstromnetz 220 V.

Zweibatteriebetrieb mit Schnelladung über Widerstände (Stäbe 6).

Jede Batterie ist für 24stündige Reserve ausgelegt. Die Ladung wird über Widerstände vorgenommen. Gleichstromnetz 220 V.

b) Die Betriebskosten

Die jährlichen Betriebskosten einer Stromversorgungsanlage werden unterteilt in Kapital- und Unterhaltungskosten. Während erstere z. T. direkt von den Anschaffungskosten abhängig sind, werden letztere in erheblichem Maße von diesen bestimmt. Sie bestehen aus den Ausgaben für Personal-, Material, Bezug elektrischer Arbeit und für Räume (Miete, Heizung, Beleuchtung, Reinigung).

Die Höhe der Personalkosten ist weitgehend abhängig von der Größe der Stromversorgungsanlagen und deren Ausführung. In großen Anlagen mit vollselbsttätiger Pufferung kann die Zahl des Bedienungspersonals geringer sein als in Anlagen mit handgeregeltem Betrieb, wo ständig die Höhe der Batteriespannung und des Lade- oder Pufferstromes beobachtet werden muß. Die Überwachung der Batterien ist bei erstgenannten Anlagen wesentlich vereinfacht. Bei diesem Betrieb kann die Wartung der Stromversorgungsanlagen von Pflegern der Wähleinrichtungen übernommen werden oder die Ladewärter können mit anderen Arbeiten beschäftigt werden. Wählanlagen von etwa 3000 Teilnehmeranschlüssen an aufwärts haben im allgemeinen besonderes Personal für die Bedienung und Pflege der Stromversorgungseinrichtungen.

In kleinen vollselbsttätigen Stromlieferungsanlagen, z. B. von Nebenstellenanlagen, genügt es, wenn im Abstand von etwa 4 Wochen ein Aufseher den Zustand der Batterie beobachtet und, wenn nötig, destilliertes Wasser nachfüllt.

Die Materialkosten sind beschränkt auf laufende Ausgaben für Säure und destilliertes Wasser für die Batterien und Öl für die Maschinen, ferner Ausgaben für Reparaturen (z. B. Überdrehen von Kollektoren bei Maschinen) und für Ersatzteile (Sicherungen, Ersatzkohlen für Maschinen, Ersatzkolben für Quecksilberdampfgleichrichter, Ersatzplatten für Bleisammler u. ä.).

Die zum Betrieb von Wählanlagen notwendige elektrische Arbeit wird im allgemeinen öffentlichen Netzen entnommen, wenn nicht z. B. bei Industriewerken aus eigenen Kraftzentralen gespeist wird. Es treten Betriebskosten auf, deren Höhe sich nach der Größe der Wählanlage (Teilnehmeranschlußzahl) und des Verkehrs, der Art des Wählsystems, dem Preis, für die Kilowattstunde und nach der Art der Stromversorgungsanlage richtet. Die ersten drei Faktoren stellen den Stromverbrauch der Wählanlage dar (S. 108). Die Preise für eine kWh sind örtlich verschieden, wobei für große Stromversorgungsanlagen bei Bezug aus einem öffentlichen Netz Sondertarife erreicht werden dürften. Die Art der Stromversorgungsanlage geht mit ihrem Gesamtwirkungsgrad in diese Kosten ein: Bei reinem Batteriebetrieb ist der Batteriewirkungsgrad (Bleisammler) in Wattstunden mit etwa 0,77, bei reinem Einbatteriebetrieb mit etwa 0,83 einzusetzen (S. 29). Bei handgeregeltem Betrieb ist es möglich, z. B. die Lademaschinen mit Vollast kurzzeitig arbeiten zu lassen, während bei selbsttätiger Pufferung die Gleichstromerzeuger in Zeiten geringer Belastung mit Teillast und infolgedessen vielfach mit schlechterem Wirkungsgrad in Betrieb sind. Besonders bei Stromversorgungseinrichtungen für kleine Wählanlagen ist darauf zu achten, daß den jeweiligen Verhältnissen entsprechend die günstigste Form gewählt wird. Bei Speisung aus einem Gleichstromnetz z. B. muß bei selbsttätigem Pufferbetrieb ein großer Teil der elektrischen Leistung in Widerständen nutzlos vernichtet werden, so daß geprüft werden muß, ob nicht ein Zweibatteriebetrieb mit Schnellademöglichkeit der einzelnen Batterien über Umformer günstiger ist.

Für öffentliche Wählanlagen ist in Bild 91 der jährliche Stromverbrauch je Teilnehmeranschluß in kWh dargestellt (Kurve 4). Er ist festgestellt als Mittel der drei Arten von Stromversorgungsanlagen der Betrachtung auf S. 111 unter Zugrundelegung der dort gemachten Voraussetzungen. Er schwankt zwischen 8 und 16 kWh je nach Größe der Wählanlagen.

Bei handbedienten Fernsprechanlagen rechnet man etwa mit dem 4. Teil dieser Werte.

Überschläglich kann angenommen werden, daß die Kosten für die elektrische Arbeit zur Speisung großer Wählanlagen etwa 10% der Gesamtbetriebskosten ausmachen.

Für kleine Wählanlagen (24 V) zeigt Bild 92 (Stäbe c) die entsprechenden Werte unter Beibehaltung der Voraussetzungen der Vergleiche auf S. 115. Der Stromverbrauch bei Verwendung einer der vier Stromversorgungsarten der Stäbe 1...4, bei denen die elektrische Leistung transformatorisch oder generatorisch umgeformt wird, beträgt etwa 6...10 kWh je Teilnehmeranschluß und Jahr, während durch die Vernichtung elektrischer Leistung durch Widerstände bei Gleichstromnetzen (Stäbe 5...6) ein wesentlich höherer Stromverbrauch bedingt ist. Diese Werte liegen bei etwa 35 kWh.

Bei Wechsel- oder Drehstromnetzen stellt der Pufferbetrieb mit Regelladung (Stäbe 1) in jeder Beziehung die günstigste Art der Stromversorgung dar, wohingegen bei Gleichstromnetzen der Pufferbetrieb ein Vielfaches der Stromkosten mit sich bringt.

Allgemeine Angaben über Raumkosten können wegen der außerordentlich mannigfaltigen räumlichen Anordnungen und Verhältnisse der verschiedenen Stromversorgungsanlagen nicht gemacht werden. Den größten Platzbedarf haben meist die Batterien, weshalb bei kleinen Anlagen vielfach batterielose Netzspeisung angestrebt wird.

IX. Stromversorgungsanlagen des Auslandes

Die im Ausland an die Stromversorgung von Wählanlagen gestellten Forderungen sind im allgemeinen dieselben, wie die in Deutschland erhobenen. Es werden auch vielfach dieselben Arten und Formen von Stromversorgungsanlagen verwendet.

1. Amerika

Die in der amerikanischen Technik hauptsächlich benutzten Spannungen betragen 24, 48 bzw. 50 V. Während 48 bzw. 50 V für den Betrieb von mittleren und großen Wählanlagen dient, wird 24 V meist zur Speisung von Wählnebenstellenanlagen verwendet. Die allgemein zugelassenen Spannungsgrenzen bei 48 bzw. 50 V-Systemen sind etwa 46 und 52 V.

Die Entwicklung ist denselben Weg vom Zweibatterie- zum Einbatteriebetrieb wie in Deutschland gegangen, nachdem es gelungen war, Ladeeinrichtungen für Pufferbetrieb zu schaffen. Die Batterien hierfür wurden zunächst so bemessen, daß sie für 24...48stündigen Betrieb der Fernsprechanlagen ausreichen. Später ist man dazu übergegangen, sie nur mit einer Kapazität auszurüsten, die einem Strombedarf von etwa 5 Hauptverkehrsstunden entspricht. Von dieser leistungsmäßigen Bemessung wird natürlich nach oben oder unten abgewichen, z. B. nach den jeweiligen Sicherheiten der speisenden Netze, oder wenn es sich um Anlagen mit Netzersatzanlagen handelt.

Für die Batterien von 48 bzw. 50 V-Wählanlagen gibt es zwei heute meist angewendete Aufbauformen (sowohl für Zwei- als auch für Einbatteriebetrieb).

1. Jede Batterie besteht aus 25 Hauptzellen und 7 Gegenzellen, die für die Einhaltung der Spannungsgrenzen während der Ladung oder Pufferung eingeschaltet werden. Als Gegenzellen werden alkalische Zellen verwendet.

2. Jede Batterie besteht aus 23, bisweilen auch 24 Hauptzellen mit 3 Zusatzzellen, die eingeschaltet werden, wenn die Batterie weder geladen noch gepuffert wird. Diese Zusatzzellen werden auch Endzellen genannt.

Bei diesen Anordnungen kann jede Batterie im Lade-, Entlade- und Pufferbetrieb benutzt werden.

Als Vorteile für den zuletzt angegebenen Aufbau werden angegeben: Wenn alle 26 Zellen eingeschaltet sind, steht im Notfalle der volle Arbeitsinhalt der Batterie zur Verfügung, während bei der zuerst genannten Anordnung mit Gegenzellen den 25 Hauptzellen bis zum Erreichen der zulässigen unteren Spannungsgrenze nur etwa 85 % der Batteriekapazität entnommen werden können. Letzteres bedeutet, daß die Zellen für diese Anordnung größer bemessen sein müssen als bei Verwendung von 23 Haupt- und 3 Zusatzzellen. Ferner ist als Vorteil anzusehen, daß eine geringere Anzahl von Zellen und damit eine geringere Bodenfläche benötigt wird. Die Anlagekosten sind daher niedriger.

Neben dem Einbatteriebetrieb, der heute die übliche Ausführung darstellt, wird auch der Zweibatteriebetrieb angewendet.

Es werden ganz allgemein Unterschiede gemacht zwischen

1. Anordnungen, bei welchen 2 oder mehr Batterien gleicher Größe vorhanden sind, bei denen jede Batterie für sich eine bestimmte Zeit die Anlagen mit Strom versorgt, wobei durch Verwendung von Gegenzellen die Verbraucherspannung eingehalten wird (duplicate battery installation).

2. Anordnungen, bei welchen 2 oder mehr Batterien gleicher Größe dauernd parallelgeschaltet sind oder mittels Schaltern parallelgeschaltet werden, wenn der Strombedarf die Leistungsfähigkeit einer Batterie übersteigt (parallel battery arrangement).

Die Endzellen werden entweder in Serie mit den Hauptzellen oder über Widerstände geladen.

In Bild 93 ist eine Stromversorgungsanlage mit 2 Batterien (je 23 Haupt- und je 3 Zusatzzellen), in Bild 94 eine solche mit einer Batterie und ähnlichem Aufbau dargestellt. Bei der ersten Anordnung kann jede Batterie mittels jeder Maschine geladen werden. Die Endzellen sind nur bei der Ladung eingeschaltet und müssen dabei mit aufgeladen werden. Gepuffert kann jede Batterie werden. Auf der Entladeseite erfolgt die Umschaltung von 23 auf 26 Zellen mittels eines unterbrechungslosen Umschalters. Mit dem Strommesser J 7 wird der Verbrauch der Wählanlage, mit J 6 der den Batterien zugeführte Strom, mit J 5 die Summe dieser beiden (der von den Maschinen abgegebene Strom) gemessen.

Bemerkenswert ist, daß bei diesen Schaltungen stets nur eine Leitung zu jedem Batteriepol geführt ist: Die in Deutschland allgemein gebräuchliche Anordnung mit getrennten Lade- und Entladeleitungen zur Dämpfung von Oberschwingungen der Gleichstromerzeuger wird nicht angewendet. Der Pluspol der Generatoren und Batterien ist gemeinsam bei beiden Schaltanordnungen stets geerdet.

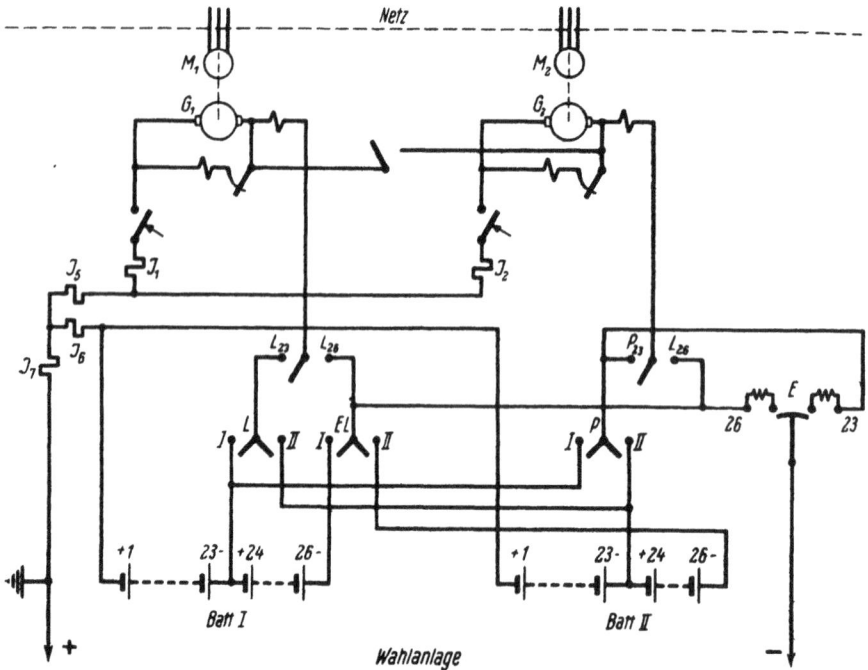

Bild 93. Schaltung einer Stromversorgungsanlage fur Lade-, Entlade- und Pufferbetrieb. Zwei Batterien mit Zusatzzellen.

Schalterstellungen· L = Ladung; E = Entladung. EL = Ladung oder Entladung; P = Pufferung, Zahlen = Batterie oder Zellenzahl

Die in Bild 94 dargestellte einfachere Anordnung stellt eine heute
übliche Anordnung dar, die ähnliche Möglichkeiten bietet. Die Batterie
liefert 24 und 48 V und kann aus einer oder mehreren einzelnen Batterien
bestehen, die entweder dauernd parallelgeschaltet sind oder durch
Schalter zur Ausführung von Arbeiten an einer Einzelbatterie getrennt
werden können, eine Ausführung (parallel battery arrangement), die
wesentlich von den in Deutschland gebräuchlichen Anordnungen ab-
weicht. Die Anlage arbeitet nach der »Vollpufferungsmethode«, d. h.
mit vollselbsttätiger Pufferung, wobei nur für die Endzellen eine Schalt-
möglichkeit vorgesehen ist. Auch hier sind keine getrennten Lade- und
Entladeleitungen angewendet. Die verschieden großen Generatoren sind
mit Serienwicklungen ausgerüstet. Diese Wicklungen sind eingeschaltet
bei Pufferung von 23 Zellen, so daß die Generatorspannung zwischen
Leerlauf und Vollast in engen Grenzen konstant bleibt, während bei
Ladung von 23 oder 26 Zellen die Generatoren als reine Nebenschluß-
maschinen arbeiten. Der Gleichrichter ist vorgesehen für 12, 23 oder 26
Zellen. Auch bei dieser Anordnung sind 3 Strommesser ,J 5, J 6, J 7,
wie bei der erstbeschriebenen vorhanden.

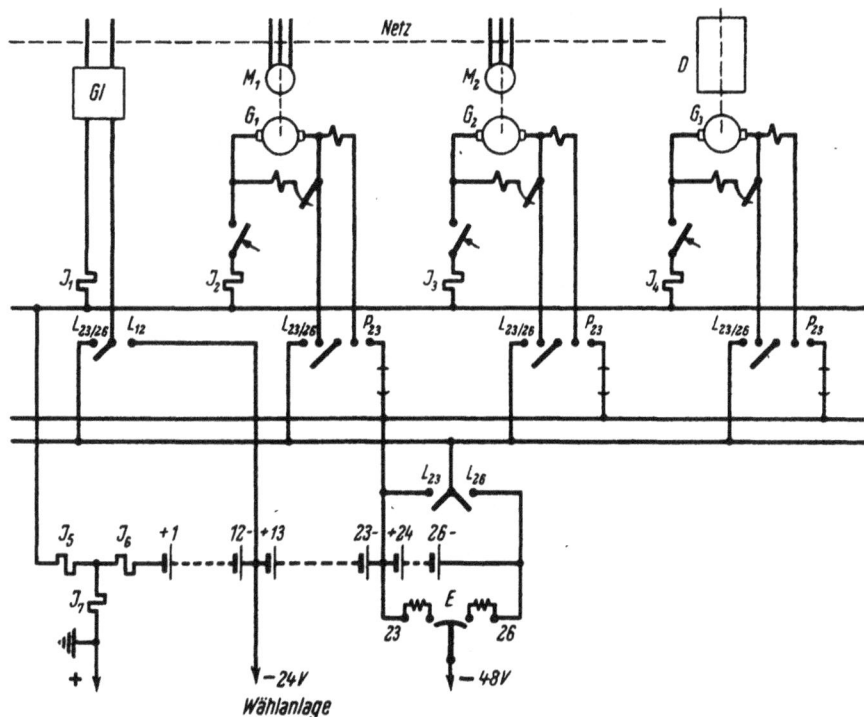

Bild 94. Schaltung einer Stromversorgungsanlage für Pufferbetrieb. Eine Batterie
mit Zusatzzellen.

Schalterstellungen: L = Ladung;   E = Entladung;   P = Pufferung;   Zahlen = Zellenzahl

Für die Stromversorgung kleiner und mittlerer Wählanlagen wird
ähnlich wie in Deutschland der Pufferbetrieb mit einer Batterie und
einem Gleichstromerzeuger (Trockengleichrichter) mit besonders geeigneter Kennlinie verwendet, wobei sowohl Tropfladung (Sickerladung
— trickle charging) als auch selbstregelnde Dauerladung (full float
method) angewendet wird. Man steht auch in Amerika auf folgendem
Standpunkt: Bei der Tropfladung läßt es sich nur schwer erreichen, über
eine längere Zeit unter Einhaltung von geforderten Batteriespannungsgrenzen die Batterie auf vollem Arbeitsinhalt zu halten, wenn nicht zusätzlich zwecks Begrenzung der Batteriespannung Einrichtungen für die
Ein- und Ausschaltung des Pufferstromes vorgesehen werden. Die
Tropfladung wird daher im allgemeinen in kleineren Anlagen verwendet,
wenn eine besondere Überwachung der Pufferung nicht notwendig ist,
zuweilen aber auch in größeren Anlagen für die Aufrechterhaltung des
maximalen Arbeitsinhalts der Endzellen.

Die selbstregelnde Dauerladung wird gewöhnlich in Anlagen kleiner
und mittlerer Größe angewendet unter Verwendung von Trockengleich-

richtern oder Generatoren, die ihre Stromabgabe der Belastung entsprechend ändern und innerhalb enger Grenzen eine bestimmte Spannung
aufrechterhalten.

Eine sowohl in Amerika als auch im außerdeutschen Europa vielfach angewendete selbsttätige Stromversorgungseinrichtung (Bild 95)

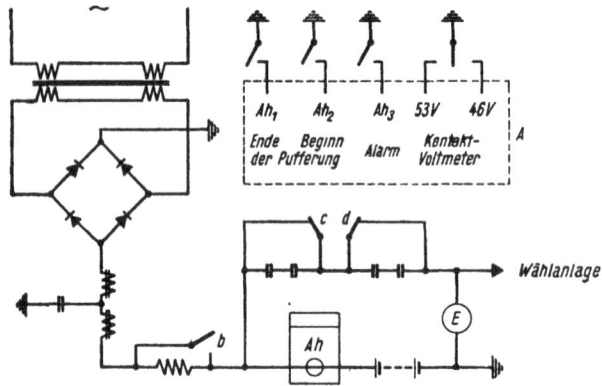

Bild 95. Pufferanordnung mit Ah-Zähler.

A: Regeleinrichtung mit Ah-Zähler (mit Kontakten Ah_1, Ah_2, Ah_3)
und Relais (mit Kontakten b, c, d).
E: Kontaktvoltmeter

besitzt zur Bemessung des von dem Gleichstromerzeuger (Trockengleichrichter oder Generator) gelieferten Pufferstromes einen Amperestundenzähler. Der Amperestundenzähler ist eine Sonderausführung,
indem sowohl der der Batterie zugeführte als auch der entnommene Strom
gezählt wird (Vor- und Rückwärtslauf). Der Batterie wird ein um
10...40% (einstellbar) größerer Strom zugeführt als entnommen wird,
um die Verluste zu decken. Die Pufferung wird angeschaltet, wenn
die Batterie um 4...10% entladen ist (Ah_2, b). Je nach Größe und Dauer
des entnommenen Stromes ist die Puffereinrichtung angeschaltet und
wird nach Volladung der Batterie abgetrennt, wenn der Amperestundenzähler wieder auf Null steht (Ah_1). Wird der Batterie mehr als ein
Drittel ihres Arbeitsinhalts entnommen, d. h. ist über längere Zeit der
entnommene Strom größer als der zugeführte, wird von dem Amperestundenzähler ein Alarm gegeben (Ah_3). Unabhängig von dem Amperestundenzähler wird durch ein Kontaktvoltmeter E mittels Gegenzellen
die Speisespannung geregelt, um die Batterie möglichst volladen zu
können, wobei die Gegenzellen oft stufenweise (c, d) geschaltet werden.
Ein Ladungserhaltungsstrom wird der Batterie ständig zugeführt.

Die Bemessung der Entladeleitungen entspricht im allgemeinen
der in Deutschland üblichen: Als Spannungsabfall wird von der Batterie
über die Schalttafel bis zu den Gestellen 2 V als obere Grenze zugelassen.

Selen- und Kupferoxydulgleichrichter dürften im allgemeinen in gleichem Maße verwendet werden.

Als Gegenzellen werden jetzt allgemein alkalische Gegenzellen eingesetzt.

Über die Lebensdauer von Batterien bei den verschiedenen Betriebsarten (reiner Lade- und Entladebetrieb, Sickerladung oder selbstregelnde Dauerladung) herrschen Ansichten, die mit denen in Deutschland übereinstimmen, daß nämlich die Lebensdauer bei reinem Lade- und Entladebetrieb kürzer ist als bei Pufferbetrieb, bei dem der Pufferstrom dem Verbraucherstrom angepaßt ist oder durch Spannungsbegrenzungseinrichtungen ein Ab- und Anschalten der Pufferung vorgenommen wird, so, daß die geforderten Spannungsgrenzen eingehalten werden.

Wird mit Generatoren gepuffert, werden vielfach Maschinen verwendet, die infolge besonderer Konstruktion der magnetischen Kreise innerhalb enger Spannungsgrenzen arbeiten und die durch besondere Ausführung ähnlich wie in Deutschland für möglichst oberwellenfreie Spannung hergerichtet sind. Im allgemeinen wird es dann nicht für notwendig erachtet, Drosselspulen oder Filtereinrichtungen vorzusehen.

Reine Netzspeisung ohne Batterien wird in Amerika nur für Privat-Fernsprechanlagen empfohlen und nur dort, wo zuverlässige Netze vorhanden sind oder wo sich der Kunde damit abfindet, daß bei einem Netzausfall die Anlage außer Betrieb kommt. In diesem Falle werden Netzanschlußgeräte (battery eliminator) verwendet, die aus Gleichrichtern mit Geräuschfiltern bestehen.

In der amerikanischen Technik werden im allgemeinen 2 Ruf- und Signalmaschinen verwendet. Im Gegensatz zur deutschen Technik ist eine Maschine für Netzanschluß ausgebildet, während die zweite, die selbsttätig bei Ausfall des Netzes eingeschaltet wird, für Batteriebetrieb eingerichtet ist. Für die verschiedenen Zeichen und Signale werden hauptsächlich folgende Frequenzen in den angegebenen Rhythmen von den Maschinen geliefert:

Wählzeichen — Amtszeichen (Dial tone): 120 oder 135 Hz Dauerton
Besetztzeichen (Busy tone): 120 oder 135 Hz; 60 oder 120 Unterbrechungen/min,
Rufzeichen (Ringing tone): 20 oder 40 Hz; im Takt 1 oder 2 s Ton, 4 s Pause,
Rufstrom (Ringing current): 20 Hz; im Takt 1 oder 2 s Ruf, 4 s Pause.

Teilnehmer ist im Augenblick nicht erreichbar (Number unobtainable tone): meist 400 Hz Dauerton. Es wird durch dieses Zeichen gemeldet, daß z. B. durch Einstellung eines Wählers auf eine nicht angeschlossene Dekade oder Besetztsein einer Dekade kein Ausgang mehr frei und der Teilnehmer dadurch nicht erreichbar ist. Dieses Zeichen unterscheidet sich vom Besetztzeichen, das nur gegeben wird, wenn der gewünschte Teilnehmeranschluß besetzt ist. Es wird im allgemeinen in Amerika nur selten verwendet. Der Ruf wird meist an eine Vermittlung weitergeleitet.

Die verschiedenen Frequenzen werden ähnlich wie in Deutschland induktiv mittels Summersystemen erzeugt.

2. England

Die englische Technik ist in vielen Einzelheiten der amerikanischen ähnlich. Die hauptsächlich benutzten Spannungen betragen ebenfalls 24, 48 bzw. 50 V, je nach Größe der Wählanlagen. Die Zellenzahl der 48 (50) V-Anlagen beträgt meistens 25 mit den Spannungsgrenzen 46...52 V, die bisweilen auf 44...56 V erweitert werden. Man ist bestrebt, bis zu bestimmten Größen von Wählanlagen den Zweibatteriebetrieb zu verlassen, um den Einbatteriebetrieb einzuführen. Dabei setzt sich oft die Batterie aus 2 einzelnen, normal parallelgeschalteten Batterien zusammen, die z. B. nur zur Vornahme von Reparaturen an einer Hälfte getrennt werden. Vielfach wird bei Einbatteriebetrieb die Batterie so bemessen, daß sie etwa den Strombedarf von 5 Hauptverkehrsstunden decken kann.

Bei manchen englischen Wählsystemen wird die Zählung der Gespräche unter Benutzung einer Zählspannung vorgenommen, die etwa das Doppelte der Hauptbatteriespannung beträgt. Diese Spannung von etwa 100 V wird ferner oft bei Schaltungen mit Glimmlampenauslösung für die Zündspannung benutzt. Sie wird gebildet durch Hintereinanderschaltung der die Wählanlage speisenden Hauptbatterie und einer Hilfsbatterie (booster battery), die aus 24 oder 25 Zellen besteht und größenordnungsmäßig eine Kapazität von etwa $^1/_{15}$ einer Hauptbatterie hat. Die Ladung der Hilfsbatterien geschieht über Widerstände oder im Pufferbetrieb mit selbstregelnden Gleichrichtern. Bei einer heute vielfach gebräuchlichen Art des Zweibatteriesystems (Bild 96) (divided battery float system) werden 2 gleich große Batterien verwendet. Die Maschinenumformer haben verschiedene Größe, um die (selbsttätig geregelte) Pufferung, die sich über 24 h am Tag erstreckt, bzw. die Ladung wirtschaftlich gestalten zu können. Eine Tropflademöglichkeit ist für längere Zeit in Reserve stehende Batterien vorgesehen. Eine Batterie versorgt im Pufferbetrieb eine Woche die Wählanlage, während die andere geladen in Reserve steht, wobei durch die Tropfladung während ihrer Pufferperiode eingetretene Verluste oder Verluste während der Ruhezeit nachgeladen werden.

Bei Einbatterie-Stromversorgungsanlagen ist die Anordnung oft derart, daß ähnlich wie bei der amerikanischen Technik der erforderliche Gleichstrom von einem oder mehreren Generatoren mit Serienwicklung

geliefert wird. Die Serienwicklungen sind während der Pufferung eingeschaltet und gestatten, die Spannung in engen Grenzen konstant zu
halten, wobei nur ein Teil der Batterien (z. B. 23 Hauptzellen) eingeschaltet sind. Speisen die Batterien ohne Pufferung, werden (meist 3)
Zusatzzellen zugeschaltet. Die Nachladung der Batterien geschieht bei

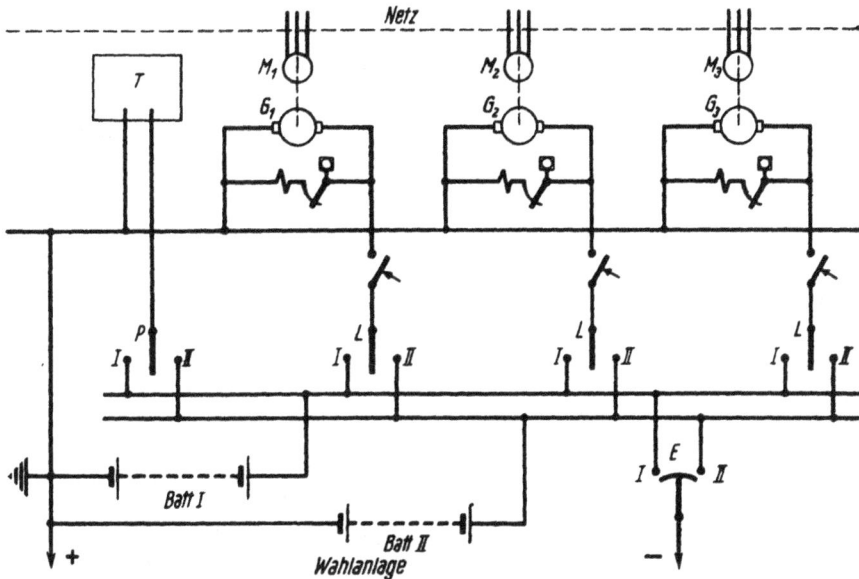

Bild 96. Schaltung einer Stromversorgungsanlage für Lade-, Entlade- und Pufferbetrieb; zwei Batterien.

Schalterstellungen: L = Ladung; P = Pufferung; E = Entladung; T = Puffer- (Tropflade-)
Einrichtung; Zahlen = Batterie.

ausgeschalteten Serienwicklungen. In vielen Fällen sind in die Ladeleitungen Drosselspulen eingeschaltet, so daß eine batterielose Speisung
des Amtes vorgenommen werden kann, während der z. B. Ausbesserungs-
arbeiten an den Batterien und Ladungen ausgeführt werden können.

Bei kleinen und mittleren Wählanlagen werden verschiedene Arten
von Lade- und Puffereinrichtungen und Verfahren angewendet, wobei
bei Wechselstromnetzen der Trockengleichrichter allgemein Eingang
gefunden hat.

Das einfachste Verfahren, nämlich eine groß bemessene Batterie
mit einem mittleren Strom zu puffern (Tropfladung), dürfte weniger
oft angewendet werden wegen der Schwierigkeiten in der Einhaltung der
gewünschten Spannungsgrenzen als die im folgenden genannten Verfahren.

Vielfach erwähnt wird eine Anordnung mit Amperestundenzähler,
ähnlich der auf S. 122 der amerikanischen Technik beschriebenen, die
heute für kleine bis mittlere Wählanlagen gebräuchlich ist (automatic

single-battery system). Die Batterie ist aus zwei Hälften zusammengesetzt, die nur zu Reparaturen einer Hälfte getrennt werden. Bei kleinen Wählanlagen werden Gleichrichter, bei größeren auch Maschinen verwendet. Ferner finden Anwendung Puffergeräte mit Zweiwicklungsdrosseln, ähnlich den auf S. 44 beschriebenen und in Deutschland gebräuchlichen, wobei oft Gegenzellen in Abhängigkeit von der Batteriespannung ein- oder ausgeschaltet werden. Auch Geräte mit Stufenladung (s. S. 62) werden verwendet, wobei in Abhängigkeit von der Batteriespannung der Pufferstrom in Stufen geschaltet wird. Als spannungsabhängige Schaltmittel werden Spannungsrelais oder Kontaktvoltmeter verwendet. Die stufenweise Schaltung von mehreren Gegenzellen findet ebenfalls vielfach Verwendung.

Bemerkenswert ist, daß bei dem Einbatterie -als auch Zweibatteriebetrieb stets der Pluspol der Batterien und Ladeeinrichtungen gemeinsam geerdet ist, und daß ferner auch nicht die in Deutschland allgemein angewendete getrennte Verlegung der Lade- und Entladeleitungen vorgesehen wird. Als noch zulässige Werte für die Geräuschspannung z. B. an den Batterien werden ähnliche Werte, wie sie in Deutschland üblich sind, angegeben (s. S. 17).

Für die Speisung aus Gleichstromnetzen wird angegeben,' daß im allgemeinen bei Netzspannungen bis 110 V mit geerdetem Pluspol die Widerstandsladung oder -pufferung angebracht ist. Oberhalb dieser Spannung oder bei Netzen, deren Minuspol oder bei denen kein Pol geerdet ist, finden Umformer Anwendung, die durch einen den Ladezustand der Batterie überwachenden Amperestundenzähler ein- und ausgeschaltet werden, wobei ferner Gegenzellen in den Entladeleitungen durch Spannungsrelais geschaltet werden.

Für die Ruf- und Signalmaschinen gilt das über die amerikanische Technik auf S. 123 Dargelegte. Lediglich die Zeichen sind abweichend:

Wählzeichen — Amtszeichen (Dial tone): 33 Hz Dauerton,

Rufstrom (Ringing current): $16^2/_3$ Hz (selten 25 Hz); 0,4 s Ruf, 0,2 s Pause, 0,4 s Ruf, 2 s Pause,

Rufzeichen (Ringing tone): 133 Hz (früher überlagert mit 16,6 Hz) in einem Takt wie der Rufstrom,

Besetztzeichen (busy tone): 400 Hz; 0,75 s Ton, 0,75 s Pause,

Teilnehmer ist im Augenblick nicht erreichbar. (N. U. tone): 400 Hz Dauerton. (s. S. 123). Dieses Zeichen wird im Gegensatz zu Amerika in England allgemein angewendet.

3. Übriges Ausland

Die Stromversorgungsanlagen lehnen sich im allgemeinen an obenerwähnte Formen und Mittel an, wobei die Entwicklung in der überall
verfolgten Richtung vom Zweibatterie- zum Einbatteriebetrieb verläuft.
Von den oft automatisch geregelten Lade- und Puffermaschinen wird
vielfach übergegangen zu Gleichrichtern mit Regelanordnungen mit und
ohne Kontakte. Zur Ausregelung von Netzspannungsschwankungen
wird die Verwendung magnetischer Spannungsregler erwähnt. Die Erfahrungen mit Gleichrichtergeräten, bei denen durch magnetische Regel-
kreise eine steile Kennlinie erzielt wird, lauten dahingehend, daß diese
Art des Pufferbetriebes eine weitgehende Schonung der Batterien und
Erhöhung der Lebensdauer bewirkt. Bei batteriegespeisten Stromversorgungsanlagen werden vielfach Gegenzellen verwendet. In der
Schweiz werden häufig für kleine und mittlere Wählanlagen Zeit-
schaltwerke (Uhrwerke) verwendet, durch die die Ladung oder Pufferung zur gewünschten Zeit eingeleitet wird. Spannungsrelais überwachen die oberen Spannungsgrenzen durch Abschaltung der Gleichstromerzeuger oder bewirken eine Zusatzladung oder Pufferung mit
niedrigerer Stromstärke (um ein weiteres Ansteigen der Batteriespannung zu vermeiden). Letztere wird ebenfalls von dem Uhrwerk zeitlich
begrenzt. Für größere Wählanlagen sind Stromversorgungseinrichtungen mit 2 Batterien und 2 Maschinensätzen eingesetzt, bei denen
die wechselseitige Ladung und Entladung der Batterien durch Amperestundenzähler vollselbsttätig geschieht: Die meist verwendeten Spannungen betragen 24 und 48 (50) V.

Allgemein wird angestrebt, nach den jeweilig herrschenden Verhältnissen Stromversorgungsanlagen zu errichten, die sicher, möglichst
bedienungslos und wirtschaftlich den gestellten Bedingungen entsprechen.

4. Schrifttum über Stromversorgungsanlagen des Auslands

1. Froberg, M. A. »Copper Oxide Rectifiers for Telephone Power Supply.« Bell
   Laboratories Record 15 (1936) S. 81.

2. de Kay, R. D. »A Diverter Pole Generator for Battery Charging.« Bell Laboratories Record 15 (1937) S. 382.

3. Langabeer, H. T. »Supplying Power to Central Offices.« Bell Laboratories
   Record 16 (1937) S. 43.

4. Roß, W. S. »Ringing Power for Large Offices.« Bell Laboratories Record
   17 (1938) S. 111.

5. van Duyne, C. W. »A Tone Alternator. »Bell Laboratories Record 11 (1932) S. 6.

6. Stone, J. R. »Commercial Construction Adopted for Ringing-and-Coin-Control
   Generators.« Bell Laboratories Record 11 (1932) S. 93.

7. Wollner, E. »Eine Kraftanlage für Selbstanschluß-Fernsprechamter ohne
   Bedienung.« El. Nachrichtenwesen 8 (1929/30) S. 308.

8. Meeuws, V. C. u. Lee, H. B. »Stromversorgungsanlagen für vollautomatische Landfernsprechämter.« El. Nachrichtenwesen 15 (1936/37) S. 246.

9. Stryker, C. E. »Floating Batteries in Exchanges.« Telephony 99 (1930) Nr. 10, S. 32.

10. Blain, R. »Telephone Storage Batteries.« Telephone Engineer 32 (1928) S. 31.

11. »New Strowger Battery Eliminators.« Automatic Electric Review 1 (1932) S. 56.

12. »Direct-Current Battery Charging Units.« Automatic Electrical Review 2 (1933) S. 5.

13. Herbert and Procter. Telephony I und II. Isaac Pitman & Sons, Ltd. London (1934/38).

14. Jones, H. C. u. Waters, H. S. »Small Automatically Controlled Power Plants.« The Post Office Electrical Engineers Journal 26 (1933/34) S. 137.

15. »The Use of a Single Accumulator Battery.« Engineering Supplement to the Siemens Magazine; No. 100; 1933.

16. Davey, F. R. »Current Power Plant Practice in Automatic Telephone Exchanges.« Post Office El. Eng. Journal 33 (1940) S. 12.

17. Chovet, A. »Les ateliers d'énergie des multiples extensibles: un type de tableau de charge automatique.« Annales des Postes, Télégraphes et Téléphones 20 (1931) S. 788.

18. Uzenot, Y. »L'Automatique rural en France.« Annales des P.T.T. 25 (1936) S. 222.

19. Chovet, A. »Utilisation des redresseurs à oxyde de cuivre pour l'alimentation en tampon des petits multiples.« Annales des P.T.T. 25 (1936) S. 801.

20. Fontaine, H. »Emploi des redresseurs secs dans les centraux téléphoniques de la région parisienne.« Annales des P.T.T. 25 (1936) S. 1044.

21. »Le téléphone automatique rural en France.« Revue des Téléphones, Télégraphes et T.S.F. 14 (1936) S. 192.

22. »Les redresseurs à oxyde de cuivre et leurs applications industrielles.« Revue des T.T. et T.S.F. 14 (1936) S. 301.

23. Reynaud-Bonin, E. »L'automatique rural et la fourniture de l'énergie électrique.« Revue des T.T. et T.S.F. 13 (1935) S. 644.

24. Reynaud-Bonin, E. »A propos de l'automatique rural.« Revue des T.T. et T.S.F. 14 (1936) S. 285.

25. »L'alimentation en courant continu du central téléphonique Botzaris.« Revue des T.T. et T.S.F. 9 (1931) S. 904.

26. Zinggeler, E. »Selbsttätig arbeitende Batterieladeeinrichtungen für verwaltungseigene automatische Teilnehmeranlagen.« Technische Mitteilungen der Schweizerischen Telegraphen- und Telephonverwaltung 10 (1932) S. 113.

27. Moser, O. »Der vollautomatische Telephonverkehr in der Netzgruppe Lausanne.« Technische Mitteilungen der Schweizerischen Telegraphen- und Telephonverwaltung 7 (1929) S. 218.

28. Heß, G. »Stromlieferungsanlage für automatische Landzentralen, System Hasler A.G.« Technische Mitteilungen der Schweizerischen Telegraphen- und Telephonverwaltung 8 (1930) S. 99.

29. Heß, G. »Das neue automatische Telephonsystem der Hasler A.G.« Technische Mitteilungen der Schweizerischen Telegraphen- und Telephonverwaltung 10 (1932) S. 1.

30. Moser, O. »Das Schrittwählersystem im automatischen Fernverkehr der Schweiz.« Technische Mitteilungen der Schweizerischen Telegraphen- und Telephonverwaltung 15 (1937) S. 1.

31. E.Z. (Schwebeladung von Akkumatorenbatterien.« Technische Mitteilungen der Schweizerischen Telegraphen- und Telephonverwaltung 16 (1938) S. 8.

Aus dem Schrifttum

1. Stange, B. »Die Betriebsformen der Stromversorgung im Fernmeldedienst.« Der Fernmeldeingenieur 7 (1941).

2. Drucker, C. und Finkelstein, A. »Galvanische Elemente und Akkumulatoren.« Akademische Verlagsgesellschaft Leipzig 1932.

3. Bermbach, W. »Die Akkumulatoren.« 4. Auflage. Verlag J. Springer, Berlin 1929.

4. Z. B. Schenkel, M. »Technische Grundlagen und Anwendungen gesteuerter Gleichrichter und Umrichter.« ETZ 53 (1932), S. 761.

   Anschütz, H. »Steuerverfahren für Stromrichter und ihre technische Auswirkung.« ETZ 58 (1937) S. 669.

   Maertens, K. »Steuerung und Regelung von Großstromrichtern.« VDE-Fachberichte 9 (1937) S. 79.

5. Z. B. Maier, K. »Trockengleichrichter.« Verlag R. Oldenbourg, München 1938.

   Günterschulze, A. »Elektrische Gleichrichter und Ventile.« 2. Auflage. Verlag J. Springer, Berlin 1929.

   Marti-Winograd. »Stromrichter unter besonderer Berücksichtigung der Quecksilberdampf-Großgleichrichter.« Verlag R. Oldenbourg, München 1933.

6. Jungmichl, H. »Oberwellen, Welligkeit und Störspannung bei Stromrichtern.« ETZ 58 (1937) S. 417.

7. Gust, Fr. W. »Nachrichtenmittel für den Fernmelde- und Alarmdienst im Werkluftschutz.« Siemens & Halske A.G. 1939.

8. Bergmann, K. »Lehrbuch der Fernmeldetechnik I.« Verlag C. Brendel, Zeitz 1939.

Sachverzeichnis

www.ingramcontent.com/pod-product-compliance
Lightning Source LLC
Chambersburg PA
CBHW081228190326
41458CB00016B/5720